伽罗瓦 | *Evariste Galois*

布尔 | *George Boole*

黎曼 | *Georg Friedrich Bernhard Riemann*

戴德金 | *Julius Wilhelm Richard Dedekind*

闪耀人类的数学家

Men of Mathematics

（第2版）

③

[美] E.T. 贝尔——著

罗长利——编译

贵州出版集团
贵州人民出版社

新流出品

目录

1
伽罗瓦
Evariste Galois

诸神亲自与愚蠢进行斗争，却没有取得胜利。

——席勒

INK

阿贝尔死于物质上的贫穷，伽罗瓦则死于精神上的愚蠢。这里的愚蠢指的是世人愚蠢的偏见。纵观伽罗瓦一生，他身边总是围绕着自负的教书匠、无耻的政客，以及骄傲自满的院士。这些庸俗而愚蠢的人想方设法将才华横溢的伽罗瓦拉到与他们同等的水平，泯灭他的天才，抑制他的能力。伽罗瓦也正是在同一个接一个不可战胜的蠢材的斗争中，粉碎了自身非凡的力量，耗尽了自己的生命。接下来，我们就一起走进伽罗瓦的故事。

被数学拯救的少年

1811 年 10 月 25 日，埃瓦里斯特·伽罗瓦诞生在巴黎城外一个名叫拉赖因堡的小镇上，他人生中的前 11 年非常幸福美满。父母对他疼爱有加，施以正确、开明的教育方式，引导他成为一个正直、严肃并且极为重视感情的人。但也许他们的教导太过于正直，反倒令孩子长大以后在世俗偏见的包围下显得格格不入。

埃瓦里斯特的父亲尼古拉－加布里埃尔·伽罗瓦是 18 世纪的遗老。他有教养、聪明、富有哲学思想，对王权暴政深恶痛绝，对自由无限热爱，管理着一所有 60 多名学生的寄宿学校。在拿破仑建立“百日王朝”期间，老伽罗瓦被拥护共和的小镇居民选为镇长。拿破仑彻底垮台后，他保留了镇长的职务，带领小镇居民应对波旁王朝的统治，支持村民们反对教士，在集会上用自己创作的老式诗歌鼓舞人心。从父亲身上，伽罗瓦继承了作诗的才华和对暴政统治的极端厌恶。

母亲阿代拉伊德·玛丽·德芒出身于显要的律师世家，外祖父有几分鞑靼血统。12 岁之前，伽罗瓦一直在家里接受母亲的古典文学和宗教教育。然而，阿代拉伊德并没有将从父亲那里学来的东西原封不动地教给大儿子，她在这种古典教育里融入了坚忍、英勇、恬淡等适合男性的精神。在朋友们的印象里，阿代拉伊德是个坚强的女子，她有主见，很慷慨，具有探索精神，并且有良好的创造能力。她跟她的丈夫一样憎恨暴政，直到生命即将结束时，她仍保持着清晰有力的思维能力。

伽罗瓦的父母都是不流于世俗之人，但他们双方的家族中都没有人展现过出色的数学才能。伽罗瓦的数学才能在青春期时才爆炸似的迸发出来，而他一展现才华，就遭到了教师们的误解。

1823 年，12 岁的伽罗瓦进入了他人生中的第一所学校——巴黎路易大帝皇家学院。这里与其说是一所学校，不如说是一座戒备森严的监狱。教师们一心忠于复辟的王朝，想把学生们培养成波旁王朝的顺民。伽罗瓦起初在学习上成绩非常不错，母亲对他在古典文学上的辅导非常成功，他连续三年被评为优等生，希腊语作文还得了奖。但是，伽罗瓦渐渐对奖励变得淡漠。因为学校有一次竟然在没有通知家长的情况下，一口气开除了几十个学生，仅仅因为他们拒绝在教堂里唱赞歌，反抗教师们的专制教育。在此之前，暴政、专制这些词只是停留在父母的口头教育上，如今伽罗瓦亲眼所见，他被震惊得说不出话来。而这些同学也用实际行动教给了他什么是勇气，伽罗瓦在内心也更坚定了反抗暴政的信念，从此内心秉持正义，公正待人。

随后，伽罗瓦开始对宣讲温顺和谦恭的说教感到厌烦，古典文学中冗长的语法也让他变得不耐烦。尽管他仍耐着性子去做修辞学、拉丁文和希腊文那些没完没了的练习，但教师们开始将“成绩低劣”“行为不检”等评语用在伽罗瓦的身上。他们委婉地建议伽罗瓦留级，伽罗瓦只得继续停留在那些让人讨厌的课程里，开始敷衍了事，既不努力也不感兴趣地混日子。这时，数学出现了，拯救了伽罗瓦。

在当时的学校里，对比古典文学这种严肃的课程，数学只是一种附带的功课，是学生们利用课余时间学习的东西。伽罗瓦正是在他留级的这一年开始学习正规的数学课的。数学世界里充满了无穷无尽的奥妙，满足了少年探索未知的张扬和快乐，伽罗瓦便在此时表现出了惊人的数学天赋。勒让德的《几何基础》，据说就连数学成绩非常出色的学生都要花费两年时间才能掌握。这本标准的初等几何教程以更容易令人接受的形式重现了欧几里得的《几何原本》，从 1794 年到 1881 年共发行了 15 版。伽罗瓦阅读起来却像孩子们读一本童话故事那样容易，几何学唤起了伽罗瓦的学习热情，这件由富有创造性的数学家创作出来的艺术品，把初等几何学的结构晶莹剔透地展现在伽罗瓦面前，表现了数学推理的严密美妙。

几何之后便是代数。伽罗瓦对代数最初是非常厌恶的，因为他学习的是学校里墨守成规的教科书，教师们的教学也非常机械化，这跟伽罗瓦直接从勒让德这样的大师那里学习几何的方式完全不同。于是，他不顾教师们一板一眼的课堂教学，开始自学。他阅读了拉格朗日、阿贝尔等人关于代数的巨著，年仅十四五岁就通晓了专业数学家们才能理解的方程数值解、解析函数论，以及微积分。

伽罗瓦几乎是完全依靠心算去理解和学习大师们的著作的，这种特殊天赋不是通过在课堂上听教师讲授能够养成的。他平时的数学成绩平平无奇，这是因为教师们坚持的那些机械运算和按部就班的方法对他来说太简单、太琐碎了，这让年轻气盛的伽罗瓦总是感到不耐烦。可是，他又能在学校举办的数学比赛中频频获奖，让教师和同学们惊讶不已。伽罗瓦就是在这些震惊的目光中，毫不犹豫地占领了属于自己的数学王国。

现在，再回过头来看看那些带着愚蠢偏见的人是如何对待伽罗瓦罕见的天赋的。一个十几岁的少年，猛然发现自己蕴含着足以和当代数学大师相匹敌的巨大力量时，他变得无比自豪，也无比冲动，他渴望得到认可，也对那些愚蠢的见解进行取笑。于是，伽罗瓦在所有人眼中都变得很奇怪。学校里的教师和同学们对他突然展现的天才感到恐惧和嫉妒，教师们则非常擅长打压学生的自由天性。他们在年初学生报告里这么评价伽罗瓦：

“他很温和，身上有许多良好的品质，但是他也很奇怪。”所谓的“奇怪”，无非是孩子不寻常的头脑让他看到了比别人更多的东西，由于没有正确的引导，这种“奇怪”很快变成了“争强好胜”“喜欢取笑同伴”。伽罗瓦在数学上取得的成功，也被指责是“假装胸怀大志和有独到见解”。

只有一个修辞学教师短暂地承认过伽罗瓦在文学研究和数学上都很出色。不过，他很快就跟大多数教师站在了一起，并且评价伽罗瓦不可救药：“他骄傲自满，令人不可容忍。他对数学太过于疯狂了，我想他的父母最好让他只学数学。他在这里只会浪费他的时间，并且通过不断折磨他的教师们给自己招来责备。”不得不承认，这个教师的建议其实很有用，如果伽罗瓦真的只学习数学，那他说不定会活得更久一些。而这名教师迅速改变态度的原因是伽罗瓦对修辞学敷衍了事，把全部精力都投入了数学。

这个时候，他已经沉迷在数学之中，无论别人怎么评价，数学可以让他听不见、看不到充斥在偏见中的恶意。

考试失败

对数学的自信让伽罗瓦开始从事正经的数学研究，他的目光首先投向五次方程求根公式。很奇妙的巧合是，他跟阿贝尔一样，都将五次方程当作自己事业的起点，而他们在五次方程上的遭遇也几乎一模一样。伽罗瓦一度认为自己做到了不可能做到的事——找到了五次方程的解。事实证明，那只是在推理过程中出现了误差。伽罗瓦很快认识到自己的错误，他发现拉格朗日曾经指出，在低次方程统一解法中，方程的求解和根的置换相关联，也就是说，低次方程的解法对五次以上方程无效，从而预言“用根式解高于四次的方程是不可解决的问题之一”。同时，伽罗瓦找到了高斯在1801年对五次方程的见解：这个问题也许是不可解的。伽罗瓦意识到五次方程不可解，继续寻求解法没有意义，于是开始转而寻求五次方程不可解的证明。

与此同时，伽罗瓦的数学老师韦尼耶一直希望他能按部就班地完成学业，所以劝说他去参加巴黎综合理工大学的入学考试。这所学校堪称法国数学家的摇篮，创办于法国大革命时期，为土木工程师和军事工程师们提供了当时世界上最好的科学和数学教育。这所学校非常适合雄心勃勃的伽罗瓦，首先他的数学才能可以得到更好的发掘和培养，其次他可以摆脱宗教王权对人身和言论的束缚。至少在伽罗瓦眼中，综合理工大学的学员们都致力于推翻专制的王权统治，是一群愿意献身的爱国青年，跟他所在的学校里那些腐朽的教师完全不同。

然而，伽罗瓦考试失败了。连曾经嘲笑过他的教师和同学们都对此感到吃惊，毕竟无论伽罗瓦多么不讨人喜欢，他在数学上的天赋是有目共睹的。大家开始怀疑是否主考官不称职，才导致这个难得的数学天才被淘汰。20多年后，数学杂志《新数学年鉴》的编辑泰尔康（他时常利用杂志来维护报考综合理工大学和师范学校的考生的利益）对伽罗瓦的失败做出了公平的评价，因为除了伽罗瓦，其他考生也遭遇了主考官的不公正对待。泰尔康说道：“一个智力卓越的报考者，败在了一个智力平平的主考人手中。他们完全没有了解报考者是个什么样的人，就匆匆给出了判定结果。”

这次考试失败，堵住了伽罗瓦从事数学研究的正常晋升之路，他必须完全依靠自己来完成对数学的追逐。当然，这也造成了他的不幸。

“法国的阿贝尔”

1828 年，17 岁的伽罗瓦从巴黎综合理工大学考试失败的挫折中很快恢复过来，并且遇到了第一个水平高，又能了解他的数学才能的人，那就是高等数学教师路易 – 保罗 – 埃米尔 · 里夏尔。1821 年，里夏尔 26 岁的时候被授予数学教授职称。与路易大帝皇家学院的其他教师不同，他时常利用空余时间去巴黎大学听有关几何学的高级讲座，及时了解当时数学家们的最新进展，并及时传授给学生们。他为 19 世纪的法国培养出了不止一位数学家，这其中包括与亚当斯共同发现海王星的勒威耶、代数学家和算术家埃尔米特、第一个系统地阐述伽罗瓦方程论的塞尔，以及伽罗瓦本人。里夏尔教学不拘泥于形式，既注意培养学生热爱科学的精神，把握住研究的大方向，又善于用具体问题锻炼学生热爱科学的精神，提高他们的研究能力。这位谦恭自处的教师把自己的全部才能都贡献给了学生们，忘我地投入教书育人的伟大事业中，许多受他所教的学生都衷心地感谢他，学习他的为人和优美独特的教学风格。

在给伽罗瓦上第一堂数学课的时候，里夏尔就意识到自己遇到的是一个怎样的学生。面对自己出的难题，伽罗瓦思路敏捷，见解独到，语言流畅地阐明了自己的解答，里夏尔禁不住称赞他是“法国的阿贝尔”。

进一步了解伽罗瓦后，里夏尔给了他最公正的称赞，并声明：伽罗瓦完全可以不经过考试而直接进入综合理工大学。他给了伽罗瓦一等奖学金，并在学期报告中写道：“这个学生有着远远超越其他同学的明显优势，他特别适合在数学最艰深的前沿进行研究工作。”这和学校里很多教师的见解相反，他们认为伽罗瓦自视甚高，一位修辞学老师甚至说：“他的聪明才智现在还是我们不能相信的传奇。”

这时，伽罗瓦在学习拉格朗日的著作时有所发现，他证明了关于连分式的一条定理，发展了拉格朗日的研究成果。里夏尔对学生取得的成就欣喜若狂，立即将文稿推荐给了《纯粹与应用数学年鉴》。伽罗瓦 17 岁就发现的这个方程理论，对推动数学发展起到了重大作用，它经过一个多世纪的发展与应用，仍显示出强大的生命力！ 1829 年 3 月 1 日，伽罗瓦在《纯粹与应用数学年鉴》上发表了他关于连分式的论文，这足以向世人证明，他不仅是一个具有数学才华的中学生，更是一个实实在在、富有创造力的数学家。

发表独创性的数学论文对伽罗瓦是个极大的鼓励，他开始投入更多时间和精力去学习研究数学。伽罗瓦深耕的一个领域就是对方程根的置换，这让他愈加了解根的置换和代数求解之间的深刻联系。然而，现实生活中的虚伪偏见和专制压迫正如洪水猛兽向着他奔涌而来，他憎恶，他愤恨，却无力逃脱，唯有数学研究里的探索发现能够使他获得暂时的欢愉和平静。

接踵而至的灾难

伽罗瓦在 18 岁时再次参加综合理工大学的考试，这是他进入这所学校的最后一次机会。这次，他的主考人态度傲慢无礼，学识浅薄，连给伽罗瓦削铅笔都不配，可就是这样的主考人却可以决定伽罗瓦能否进入这所一流学校。面试的内容涉及方程求解，伽罗瓦自然而然将他对任意次方程根式解的理论提了出来。那些主考人对这样一个重大发现不但视而不见，反而流露出轻蔑的态度，仅仅因为他们无法理解伽罗瓦陈述的事实。这个时候，伽罗瓦已经明白他注定无法进入综合理工大学，毕竟主考人根本听不懂他的答辩。正在他准备离开时，愚昧的主考人喊住他，就一个浅显的问题做出了提问。伽罗瓦觉得这个问题没什么难度，主考人却接二连三地围绕这道题抛出一些错误的提问，伽罗瓦不准备回答，等待着一些更严肃、更有难度的挑战。但是主考人误以为伽罗瓦这个好高骛远的学生被自己难住了，对他发出了无情的嘲笑。伽罗瓦再也不能忍受了，在愤怒和失望中，他狠狠地将黑板擦扔在了主考人的脸上。综合理工大学的大门从此对他紧紧关闭了。

这个打击让伽罗瓦对波旁王朝统治下的封建势力深恶痛绝，加深了他拥护革命的信念。

另一个灾难则是父亲的惨死。老伽罗瓦担任镇长期间，始终支持村民们反对独断专权、蒙蔽人民的神父，挑战了神权的权威。因此，复辟后，他成了教士们搞阴谋诡计的靶子。在一场选举风暴过后，一个诡计多端的年轻神父组织了一场反对老伽罗瓦的阴谋，他利用众人都知道的镇长擅长写诗的特点，编写了一组针对伽罗瓦家庭成员的下流诗文，再签上镇长的名字，在市民中广泛散发。人品正直、思想老派的老伽罗瓦在这场迫害中被逼得几乎发狂，他趁妻子外出的时候，独自来到巴黎，在离儿子就读学校不远的一个房间里自杀了。老伽罗瓦出殡时，小镇上爆发了严重的骚乱，愤怒的市民向神父们投掷石块，并砸中了其中一个神父的额头，伽罗瓦亲眼看着父亲的棺木在一片混乱、无序和不公中被埋入坟墓。这件事以后，伽罗瓦孤傲的性格和仇恨王权的态度更加一发不可收拾，他开始怀疑善良这种品德在世上已经消失了。

强忍着丧父之痛，伽罗瓦必须完成他的结业考试。然而，学校里绝大多数教师都对伽罗瓦抱有偏见，在结业考试的评语里，主考人对伽罗瓦的数学和物理的评价是“很好”，面试的评语却是这么写的：

> 这个学生表现出才智和卓越的研究精神，但是他在阐述一些他在应用分析学中的新发现时，不能清楚地表达自己的思想。……他对一些文学问题回答得很糟糕，而且他是唯一几乎什么都不知道的学生。我听说他对数学有一种非凡的才华，可是通过这次考试，我惊讶地发

现他没有任何才华。他成功地向所有人隐瞒了这一点，
所以我很怀疑他能否成为一名优秀的教师。

这样的评语简直令人惊讶，任何一个教过伽罗瓦的合格的老师都会坚定地否定这个评语的内容。

第二次报考综合理工大学失败意味着伽罗瓦失去了继续研究数学的晋升通道，父亲的离世则代表着他丧失了经济来源。所以，他必须为自己的前途和生计考虑了。伽罗瓦决定听从里夏尔老师的意见，报考巴黎高等师范学校科学系。1829 年 10 月 25 日，伽罗瓦被录取为高师预备生，翌年 2 月签字同意为国家服务 6 年，转为正式生。按照传统，师范院校学生享受公费待遇，伽罗瓦的生活费用总算有了着落。

数学史上有名的巴黎高等师范学校，这时候的水平还相当低。伽罗瓦的数学才能得不到那些暮气沉沉的教授的赏识。他只能按照自己的主意独立进行数学研究工作。这一年，他深入考察根式求解方程各种运算步骤的实质，也就是他自己所说的“我在这里进行分析之分析”“新颖的问题需要使用新名称、新符号”，并为此写出了关于代数方程论的三篇论文。在对问题实质的分析中，伽罗瓦提出了置换群及其子群、数域及其扩域等一系列新概念。

所谓的群是指反映对称的数学概念。群表明一个体系的结构，从而可以对一些事物的存在与否、特征如何给出解答。伽罗瓦在探讨可用根式求解的方程的特性问题的时候，用了根的置换式排列的概念。例如，设 x_1、x_2、x_3、x_4 是一个四次方程的

4个根，则在包含这些x_i的任何表达式中交换x_1和x_2就是一个置换，可用$\begin{pmatrix} x_1 & x_2 & x_3 & x_4 \\ x_2 & x_1 & x_3 & x_4 \end{pmatrix}$来表示。又如同时交换$x_1$、$x_2$和$x_3$、$x_4$是一个置换，可用$\begin{pmatrix} x_1 & x_2 & x_3 & x_4 \\ x_3 & x_4 & x_1 & x_2 \end{pmatrix}$来表示。如实行第一个置换后再进行第二个置换，则等价于实行如下的第三个置换：$\begin{pmatrix} x_1 & x_2 & x_3 & x_4 \\ x_4 & x_3 & x_1 & x_2 \end{pmatrix}$。因为，例如由第一个置换，$x_1$换成$x_2$，由第二个置换，$x_2$又换成$x_4$，结果$x_1$就换成$x_4$，这正是第三个置换；其余类推。前两个置换按上述顺序做成的“乘积”就是第三个置换。这里总共有4*3*2*1（4的阶乘）个可能的置换。因为置换集合中任何两个置换的乘积仍是原集合的成员，所以置换的集合就形成了一个群。学过复数让我们知道，1的6个六次方根在复平面上相应的6点，对称地分布在以原点为中心的单位圆上。这6个1的六次方根全体对复数乘法就构成了一个群。一般，1的n个n次方根对复数乘法也构成群，称之为单位根群。

伽罗瓦把对方程的系数施行四则运算产生的数域的各个层次的扩域和根的置换群的各个层次的子群联系起来，建立了后人所谓的“伽罗瓦对应”；通过群的研究来了解域的构造，从而解决方程可不可以用根式解的问题。所谓方程不可用根式解，就是方程的根不在对系数施行代数运算产生的数域中。我们打个不大确切的比喻，来说明伽罗瓦对应的意义。如果把数域比作实物，那么伽罗瓦对应就是X光摄影洗印装置，它使实物和它们的X光照片对应起来。这里X光照片就是和数域对应的群。如同通过X光照片可以分析实物的构造，通过对群的研究也可以来了解数域的构造。引入更复杂的概念，进行更深入的分析之后，伽罗瓦不但证明了一般高于四次的代数方程不可能用根式解，而且得到了任意一个代数方程可不可以用根式解的判定的准则，彻底解决了五次及以上代数方程根式解的问题。由于几何上尺规作图问题和代数方程根式解相联系，因此利用伽罗瓦理论不难证明：用尺规三等分任意角和由已知正方体的棱，做出体积为其 2 倍的正方体，都是不可能的。

在里夏尔的建议下，伽罗瓦将代数方程论的论文提交给了法兰西科学院，并且去参加数学大奖赛。这项大奖是数学研究中最高的荣誉，只有当时第一流的数学家才有资格去竞争。代数方程解的问题一直是“许多学者望而却步的研究”，伽罗瓦富有独创性的工作完全解决了这个问题，所以他的论文完全有资格获奖。不幸的是，另一场灾难发生了。

论文最初交由柯西审阅，他是当时法国数学界的领袖，对年轻的数学家而言，他是个鼓舞者，对有创造力的数学成果而言，他是个权威的鉴定人。糟糕的是，他太忙了，总会在最重要的时候有所疏忽。之前他冷落了阿贝尔，现在又怠慢了伽罗瓦。这两位极有才华的青年没有得到他的扶持，使数学发展蒙受了重大损失，而这种损失原本是可以避免的。在接到伽罗瓦的论文之初，柯西没有给予明确肯定，可能是因为伽罗瓦和阿贝尔的研究过于雷同，也可能他本人在 1815 年时对置换群有所研究，不愿意推崇它。

随后，伽罗瓦又将论文写了一份交由科学院的秘书处，作为参加大奖赛的审核文章，这次由傅立叶院士审定。这位敢于否定欧拉和拉格朗日的意见、断言任意函数可以展开为三角级数、在研究热现象中建立“傅立叶分析”而名垂青史的数学家，也没有积极研究伽罗瓦的报告。他把稿子带回家，放了几个月。同年 5 月 16 日，他因心脏病去世，后来稿子竟不知去向，伽罗瓦被轻率地从竞赛中排除了。1830 年的大奖颁给了雅可比和已经故去的阿贝尔。到年底，科学院才把手稿遗失的消息通知给伽罗瓦，并请他再写一份研究的概述。年轻的数学天才再一次被深深激怒了，与阿贝尔年纪轻轻就死于物质上的贫困相比，伽罗瓦认为自己再三受到极不公正的待遇，是由于社会普遍存在精神上的腐败和偏见。他愤怒地谴责道:“由于对庸人的崇拜、谄媚，总要抛弃公正的原则，天才就要被冷酷的社会埋没掉。”

伽罗瓦更加憎恨现有的社会制度了，他全力投入政治活动，站在了激进派和共和派的一边，在当时，这是被政府视为洪水猛兽的派别。

卷入革命的洪流

1829 年，查理十世任命大革命中逃亡贵族的首领、极端保皇派波林亚克公爵组阁，引起法国人民的强烈不满和抗议；1830 年，资产阶级自由派在议会提出罢免波林亚克内阁的要求。查理十世非但不答应，反而下令解散议会，并改变选举法和出版法，剥夺人民的选举权和言论出版的自由。反动的七月敕令一经发出，立即引来举国抗议。形势愈演愈烈，起义的枪声终于在巴黎打响了。

七月革命的爆发让伽罗瓦感到非常高兴。他试图把他的同学们拉进这场运动，但是高等师范学校的校长吉尼奥不允许学生走上街头游行抗议，并让他们发誓绝对不会离开学校。伽罗瓦拒绝宣誓，并企图在夜间逃走，但是围墙太高了，他没能逃出去。随后3天，综合理工大学英勇、年轻的学员们纷纷走上街头，为推翻王权、拥护共和摇旗呐喊，伽罗瓦却被那名谨小慎微的校长牢牢锁在学校里。而当起义成功后，吉尼奥又把学生和学校交到临时政府手中，任由新政权处置。这种毫无原则的墙头草做法，将伽罗瓦对旧社会制度的最后一丝幻想彻底击垮。

1830年7月29日，起义军攻占杜伊勒里宫，查理十世逃亡英国。无产阶级群体在这场起义中不断壮大，这让资产阶级自由派们组织起来的临时政府感到害怕，他们不想再建共和政体，而是着手建立君主立宪。于是，与大资产阶级更亲近的奥尔良公爵路易·菲力浦被推上王位，建立起“七月王朝”。共和派奋起反对这种历史倒退。伽罗瓦积极参加共和派的斗争，在假期里仍然四处活动，宣传民权思想，他的热情令亲友们感到意外。伽罗瓦成了一名激进的共和主义分子。在这期间，他结识了布朗基、拉斯拜尔等著名共和主义者。不久，伽罗瓦加入共和派组织的民友社，同时报名参加了共和派占主导地位的国民自卫军炮兵队。如此一来，伽罗瓦的思想言行自然和七月革命前站在查理十世一边、七月革命后又依附自由派临时政府的高等师范学校校长吉尼奥相对立。

1830年爆发的革命令法国时局动荡不安，也将不同的人的品格暴露无遗：卑劣之人左右逢源，甘心沦为当权者的走狗；心怀大志之人奔走疾呼，试图唤醒民众反抗的意志。伽罗瓦身处革命洪流的中心，他的所见所闻令他不能再继续保持沉默，他决定当那个敢于发声、披露黑暗的勇者。于是，他给校报写了一封言辞激烈的信，指责校长吉尼奥趋炎附势、出卖学生。悲哀的是，这并没有打倒吉尼奥，反而给了吉尼奥绝佳的借口，可以名正言顺地开除伽罗瓦。面对在官场和学校拥有绝对话语权的吉尼奥，无权无势的伽罗瓦没有屈服，他又给校报写了第二封信，呼吁学生们奋起反抗校长的专制统治。他在信中说："你们要凭你们的良心和人格说话。"悲剧再次上演，没有人肯站出来像伽罗瓦那样大胆地表达自己的观点。

伽罗瓦没有悬念地被开除了，他丧失了唯一的经济来源。他也没有了任何束缚，可以随心所欲地做自己想做的事。于是，伽罗瓦开设了专门讲授高等代数的私人讲课班，讲授自己的研究工作，如代数方程求解理论，用纯代数处理的数论和椭圆函数等。就这样，伽罗瓦通过授课勉强维持了生活，并在泊松的鼓励下，写出了《关于用根式解方程的可解性条件》的论文，这篇论文中的理论被后世称为"伽罗瓦理论"。可是，泊松并没能理解伽罗瓦的思想，认为他研究的部分结果是阿贝尔已经得出的结论，其余部分则"不能理解"。所以，泊松实际上否定了伽罗瓦的研究。伽罗瓦无法忍受这样的结论，决心将全部力量投入革命的洪流，他写道："我愿献出我的生命，以唤醒人民。"

伽罗瓦有献出生命的决心，但是他的死成了一出掺杂着无数愚蠢和偏见的彻头彻尾的悲剧。点燃这一切的导火索是他两次被捕入狱。

伽罗瓦第一次被捕是因为一次宴会。1831 年 5 月 9 日，约有 200 名年轻的共和党人聚集在郊区的“布尔根饭店”，抗议王室解散炮兵队的命令。其中就有大仲马、拉斯拜尔等社会名流，伽罗瓦自然不会缺席。为了不惊扰宪兵队，引起政府的关注，聚会的动静最大限度地保持了克制。但是，对这群年轻人来说，光有抗议不够，他们的愤慨急需一个出口宣泄。就在这时，伽罗瓦一手拿着酒杯，一手握着把打开的小刀喊了祝酒词。他的祝酒词不像别人那种“共和国万岁”之类的革命口号，他喊了一句“为国王路易・菲力浦干杯！”同时短促有力地挥舞了一下手中的小刀，以表示自己对政府高压政策的不满。他的这一举动立即赢得了围在身前的一群年轻人的赞赏，大家纷纷欢呼起来，视他为本次宴会的英雄。而远离伽罗瓦的人群只能听到“为国王干杯”，他们嚷嚷着抗议，认为伽罗瓦是个拥立王权的两面派。一时间场面极其混乱。年轻的炮兵们仍嫌这种表达不过瘾，纷纷涌上街头，通宵达旦地唱歌跳舞，闹腾了一整夜。第二天，伽罗瓦在他母亲的住处被捕，罪名是“聚众闹事”。毕竟，一夜狂欢是统治者所不能容忍的，而伽罗瓦是整件事的“始作俑者”，当局自然不会轻易放过他。

伽罗瓦以“教唆谋害法兰西国王未遂”的罪名被起诉，他的律师经常为共和派辩护，所以他为伽罗瓦准备了一套巧妙的辩词：挥舞着打开的小刀是因为当时正在切鸡肉，而非要准备谋杀国王；祝酒词更是对国王的祝福，根本谈不上谋害。这套辩词为伽罗瓦脱罪没有任何问题，可是他固执地不肯采用这番辩词。

审判期间，伽罗瓦思路清晰、态度坚定地发表了一番反对当下政治迫害的演讲。法官和陪审团都被这个年轻人的激情和献身精神打动，起诉便围绕着法律上一个模棱两可的观点进行辩论，并最终宣判伽罗瓦无罪。

如果说第一次被捕有惊无险，那么伽罗瓦的第二次被捕便是无中生有了。1831 年 7 月 14 日是法国大革命攻占巴士底狱的纪念日，这一天，共和党人将会举办一次盛大的庆祝活动。为了防止共和党人可能会制造的“聚众闹事”，反动当局提前抓捕“危险的共和党人”伽罗瓦和杜沙特列。这次抓捕毫无征兆，伽罗瓦没有闹事，也没有拒捕。当局没法以“阴谋反对政府”的罪名起诉伽罗瓦，这个罪名太重了，也没有任何证据可以说服陪审团给伽罗瓦定罪。

当局经过两个多月的冥思苦想，终于捏造出一条罪名。伽罗瓦在被捕时穿的是炮兵制服，但是炮兵队已经解散了，所以他们可以给这个年轻人安上个非法穿制服罪，并最终判了他 6 个月徒刑。伽罗瓦被关进了圣・佩拉热监狱。

再次面对社会的黑暗和不公，伽罗瓦变得忧郁、沉闷、绝望。监狱里对政治犯的惩罚并不重，允许他们在院子里散步或者在小卖部里买酒喝，很多犯人整天喝得醉醺醺的。伽罗瓦不愿意跟他们同流合污，他将自己的悲观愁苦都淹没在对数学的追逐中，于是引来了其他犯人对他的奚落和辱骂。

幸运的是，浪漫主义作家德莱瓦尔和伽罗瓦关在一个房间。他的快乐开朗影响了伽罗瓦，他们一起愉快地畅谈痛饮。一瓶白兰地，一口灌下去，暂时忘记痛苦烦恼。德莱瓦尔短暂地治愈了伽罗瓦，他只被关了几天就离开了监狱，伽罗瓦与他亲切地道别，并约定获释后去拜访他。

1832 年，霍乱流行，所有的犯人都面临被感染的风险。伽罗瓦“太宝贵”了，是个“重要的政治犯”，毕竟他曾经威胁到路易・菲力浦的性命，怎么能让他轻易死于霍乱这种疾病？为了防止伽罗瓦在霍乱中丧命，当局在 3 月 16 日将他转移到一家医院里，隔离保护起来。

在医院里，伽罗瓦邂逅了院长的女儿，他陷入了人生中第一次，也是唯一的恋爱中。可是很快，伽罗瓦就发现对方是个喜欢卖弄风情的女子，对感情根本不会专一。伽罗瓦深深受到了伤害，在写给朋友奥古斯特・舍瓦利耶的信中，他这么说道：“你的信充满了天使圣徒般的同情，给我带来了一点平静。但是，怎样才能消除我所体验过的那种热烈感情留下的痕迹呢？……我对世间一切的幻想都已破灭，包括爱情和名声，这些幻想统统破灭了。”

然而，伽罗瓦并非真的丧失了信心，写完这封信 4 天后，他便打算去乡间休息和思考。他还期望着拜访友人，还打算在数学上有所建树，他对人生的规划还很丰盈。只是这一切都因为一场决斗戛然而止。

决斗前夜

伽罗瓦初恋的结果是跟好友杜沙特列进行决斗。杜沙特列受到医院院长女儿的蛊惑，坚持认为伽罗瓦有辱于她，便提出了决斗的要求。1832 年 5 月 29 日，伽罗瓦写下了《致全体共和党人书》。他在文中写道：“我没有为了我的祖国而死，希望我的朋友们不要因此来责备我。我竟然会为了一个卖弄风情的女子而死，以至于我的生命要在一场可悲的争吵中熄灭。天哪，为什么要为了这样渺小、这样卑鄙的事情而死?!”

实际上，伽罗瓦已经拒绝了好友决斗的要求，但是好友鬼迷心窍般不能理解他的苦心，逼着他答应了这场决斗。

在决斗前夜，伽罗瓦似乎知道自己不会活着回来，便利用这仅有的一晚，写下了他的科学大纲。“我没有时间，我没有时间。”他一边喃喃自语，一边在纸边空白处写下自己的内心独白，然后便只剩下羽毛笔和纸张摩擦的沙沙声，他迫不及待地潦草地写下了一段大纲。他知道，自己对数学独到的见解和思考很快就要失传，他不能让数学蒙受这种损失，必须拼尽全力都写下来。事实证明，伽罗瓦在生命最后几个小时里写出的东西，足够让后世数学家们忙碌几百年的了。伽罗瓦一劳永逸地解开了折磨数学家们几个世纪之久的谜题，他解答了什么条件下方程是可解的，成功运用了群论，是数学世界这一抽象理论的伟大先驱者。

做完这些事情后，在 1832 年 5 月 31 日清晨，伽罗瓦与他的对手在“决斗场”相遇。决斗的规则是双方站在相距 25 步之处用手枪对射。善良的伽罗瓦被击中了腹部，他颓然倒下，没有医生救治，无人问津。直到上午 9 点钟的时候，一个路过那里的农民才把他送到科尚医院。可是为时已晚，腹膜炎已经开始发作，伽罗瓦知道自己离死神很近很近了。他的弟弟在得到通知后，泪流满面地赶来扑倒在哥哥身前。伽罗瓦拒绝了一位要为他向上帝祈祷的神父，他对弟弟说：“不要哭。我需要全部的勇气在 20 岁时死去。”

决斗前，伽罗瓦把自己写的数学手稿托付给了好友奥古斯特·舍瓦利耶，请他帮忙邮寄给高斯和雅可比。悲哀的是，这两位数学巨匠都没有对伽罗瓦的论文给予回应。直到1846年，刘维尔编辑了伽罗瓦的部分手稿，并将其发表在《纯粹数学和应用数学杂志》上，才使得伽罗瓦的成果重见天日，被世人所欣赏。刘维尔，这位19世纪卓越的数学家，在函数论、微分方程、数论和统计力学诸方面都有重要建树。他认真阅读了伽罗瓦的著作，给予了充分的肯定。他在编辑引言中批评了柯西等人的失职。接着他分析道：

“过分追求简洁是这桩憾事发生的原因。当论述纯粹代数抽象而难懂的问题时，我们首先要避免这种缺点。确实，当我们试图带领读者从刚开辟的小路向更广阔的领域前进时，清晰是最必须的。正如笛卡儿所说：‘异常抽象的问题，必须讨论得异常清楚。’伽罗瓦总是忽视这句格言。

“但是，现在情况不同，伽罗瓦去世了！我们别沉湎于无用的批评。让我们来看看功绩。”

往下刘维尔说明了他如何研究手稿，并为拣出一件完美无瑕的珍品而大受鼓舞。“我的热忱得到了很好的报偿。当我看到伽罗瓦的证明完全正确，而一些细小的缺陷也都被我填补好时，我体验到一种真正的快乐。”

1832年5月31日，伽罗瓦在他生命的第21个年头去世了。他被埋葬在南公墓的普通壕沟里。今天伽罗瓦的坟墓已无踪迹可寻。

他不朽的纪念碑是他的著作，共60页。

2

凯莱

Arthur Cayley

不变量理论是在凯莱强有力的手中涌现出来的，但是它最后形成一件完美的艺术品，并博得后世数学家们的赞美，主要是由于西尔维斯特的才智以其闪光的灵感照亮了它。

——P. A. 麦克马洪

“很难对现代数学的广阔范围给出一个明确的概念，这个范围不能像一马平川的原野那样单调乏味，而应该像一个从远处一眼看见的美丽乡村，能够让人们漫步其中，静下心来欣赏山坡、峡谷、小溪、岩石、树木和花草的美。但是，美只能意会而不能言传。世间一切美的事物都是如此，数学理论也不例外。”

这段话引自凯莱担任英国科学促进协会主席的就职演说，它也可以作为对凯莱本人的巨著的概括。凯莱跟欧拉、柯西一样，都是极具创造力的数学家，他首创了不变量理论、高维空间（即 n 维空间）和矩阵理论。其中，不变量理论对现代物理，特别是相对论，有重要影响，对纯数学思想更是具有永恒不变的重要启发。正如本章开头所说，凯莱创造了不变量理论，但他的朋友西尔维斯特使其大放光彩。n 维空间和矩阵理论则为后世的量子力学和相对论打下了数学基础。可以说没有 19 世纪数学的发展，就算有横空出世的天才，也难以摸到新物理学的大门。

在几何方面，凯莱为克莱因的杰出发现铺平了道路，推动克莱因统一了几何学，形成了由欧几里得建立的欧几里得几何、由罗巴切夫斯基和黎曼创立的非欧几里得几何，以及由彭赛列建立的射影几何。

在凯莱的一生中，西尔维斯特是他要好的朋友之一，也对他的数学事业起到了极大的推动作用。更有意思的是，西尔维斯特和凯莱可以起到相互衬托、互补的作用，他们可以填补对方生活中的不足。凯莱一生平静如涓涓细流，他的思想稳定而强健；西尔维斯特则像个斗士，终生都在“与世界搏斗”，他的思想则如汹涌湍急的水流，猛烈又刺激。凯莱在谈到数学问题时总是精确而严谨，西尔维斯特一谈到数学就会立刻变得充满诗意和热情。两人的性格截然相反，凯莱始终平静地坐在安全阀上，西尔维斯特则时常处于爆发点，他们却成了莫逆之交。在下一章内容里，我们会介绍西尔维斯特，现在先来看看凯莱的生平。

1821 年 8 月 16 日，阿瑟·凯莱出生在英格兰东南部萨里的里士满，他是家中的第二个儿子。他的母亲玛丽亚·安东妮娅·道蒂据说有俄国血统，他父亲的祖先可以一直追溯到 1066 年诺曼征服时，出自诺曼底一个男爵世家。父亲是个从事俄国贸易的英国商人，常年往返于英国和俄国，阿瑟就是在他的父母定期回英国探亲时出生的。凯莱淡定、宠辱不惊的性格或许就是遗传自有贵族血统的父亲的家族。

1829 年，阿瑟 8 岁时，他的父亲结束了商人生涯，退休后在英国定居。阿瑟被送到伦敦布莱克希思的私立学校，14 岁时又到伦敦国王学院完成了学业。他像高斯一样，很早就显示出数学天赋，尤其是在数值计算方面有着过人的技巧。其他同学一提到计算就感到各种烦闷，甚至装病逃避，凯莱却将计算当成一种娱乐。所以，他很快就超过了学校里其他的学生，成为佼佼者。凯莱遇到的教师和伽罗瓦遇到的教师截然相反，他们从一开始就看出了凯莱是个天生的数学家，并给予他一切鼓励和帮助，希望他能够将数学作为终身职业。不过，老凯莱极力反对儿子成为数学家。或许是他觉得数学家都穷得叮当响，没有什么前途，还不如继承自己的商贸事业，衣食无忧地过完一生。但是他最终被学校里的老师和校长说服了，同意让儿子钻研数学。他给了钱，也给了祝福，将儿子送到剑桥大学进修，大概老凯莱明白了一个道理：他家不差钱，却从来没有出过数学家。

17 岁的凯莱在剑桥大学三一学院开始了大学生活。除了数学，凯莱还喜欢阅读各种古典小说，他的语言修为也非常出众。在中学时期，他就学习了古希腊语；在大学时，他修习的法语和德语就像他的母语英语一样优秀。凯莱最喜欢司各特，其次是简·奥斯汀。虽然拜伦的作品有维多利亚时代的浓重痕迹，但凯莱还是对他的叙事诗大为赞赏。莎士比亚的喜剧则一直是凯莱的最爱。在严肃文学方面，他喜欢反复阅读格罗特冗长的《希腊史》和麦考莱文体优美的《英国史》。在读遍了维多利亚时代的古典著作后，凯莱开始阅读德文和意大利文的许多著作，他终生都保持着良好的阅读习惯。

在三一学院，凯莱的数学成绩极为出众，远远超越了同龄人的水平。到 21 岁的时候，他获得了剑桥大学数学荣誉学位考试第一名，同年他又争取到了史密斯奖学金。获得这项奖学金比参加数学荣誉学位考试并获奖更加艰难，但他仍然在考试中取得了第一名。

随后，凯莱被选为三一学院特别研究生和助理导师。这项工作的任期是 3 年，如果他愿意为教会效劳，担任圣职，那他的任期还会延长。虽然凯莱是基督教圣公会的教徒，但他无法忍受为了紧紧抓住某个工作岗位而去当一名牧师。尽管当时很多人都是这么做的，但凯莱不希望任由牧师工作妨碍他对数学的信仰。况且，凯莱的工作本身很轻松，他只需要带几个学生，这既能更好地辅导学生，又能继续他自己的研究工作。

像阿贝尔、伽罗瓦和其他许多优秀的数学家一样，凯莱也从前人大师们的著作中寻找灵感。他的第一项工作成果发表于 1841 年，他那时只是一个 20 岁的大学生，这项工作成果就是从他对拉格朗日和拉普拉斯的著作的研究中产生出来的。在读大学期间，他一共发表了 25 篇论文，这些早期发表的论文为他规划了此后 50 年内要研究的方向。

在取得学位并获得一份工作之后，凯莱更自由了，他不用为了生计发愁，可以做任何自己想做的事情。现在，他可以继续大学时期的研究工作了，他在 n 维几何、不变量理论、平面曲线的枚举几何学，以及椭圆函数理论方面，都有特殊贡献。

在他研究成果极其丰富的时期，他不只是刻苦工作，还时常去欧洲大陆享受愉快的假期。在一路向北的旅游中，凯莱将路上的一切都安排得井井有条。虽然看上去有些单薄瘦弱，他却拥有健康坚强的体质，常常整夜在丘陵起伏的乡间跋涉，只需要短暂的休息，就又像朝露般焕发生机地开始一整天的活动。他通常在早餐过后花上几个小时研究数学，然后去爬山、画水彩画，尽可能地拓展自己的兴趣爱好。在第一次旅行期间，他访问了瑞士，进行了大量的登山运动，从此他又为自己开拓了一项终身爱好。

出国度假期间，凯莱游览了意大利北部。在那里，他开始了另外两项爱好，那就是对建筑的欣赏和对优秀绘画的喜爱。他自己也画水彩画，虽然没有修炼到绘画大师的水平，却也展示出了极好的天分。由于对优秀的文学作品、旅行、绘画、建筑的喜爱，以及对大自然之美的深刻领悟，凯莱没有成为一名枯燥、乏味又古板的“纯数学家”。他对万事万物充满好奇与兴趣，令他逐渐成长为一个生活中少有的真实又率真的数学家。

1846 年，25 岁的凯莱离开了剑桥。想在大学里得到一个数学家的席位，就必须出任圣职，这是凯莱无法接受的。不过，作为数学家，凯莱懂得如何化圆为方。当时，法律吸引了英国许多最有希望、有才智的人才，许多第一流的大律师和大法官都曾在剑桥大学数学荣誉学位考试中名列前茅，以至于很多人认为数学训练是进入法律界最完善的准备。虽然让像凯莱这样有卓越数学天赋的人去起草遗嘱、转让证书和契约，是社会的愚蠢行为，但法律的确紧紧吸住了凯莱。他进入了林肯法律协会，在一名叫克里斯蒂的律师手下当了 3 年学徒，并在自己 28 岁时取得了律师资格证。

3 年律师学徒生涯让凯莱发现，律师眼中只有委托人和钱，几乎没什么道德感。他不愿随波逐流，跟其他律师一起腐化堕落，他拒绝的事务比他接受的事务还要多。整整 14 年，凯莱利用律师这个职业赚取了一定的酬劳，过着相对富裕的生活，并维持了自己的数学研究，同时避免了让自己沉溺在金钱的诱惑中。

即便处理枯燥的法律事务，凯莱的耐心也堪称模范。他主要的工作范围与财产转让业务相关，他的耐心和严谨令他在行业内的声誉稳步上升，据说他所经办的一起案件被当作典型案例载入了一部法典。不过凯莱并非圣人，作为凡人的他也会发脾气。有一次，他正在办公室和西尔维斯特讨论不变量理论中的一个论点，仆人进来交给凯莱一大摞需要仔细审阅的法律文件。凯莱瞥了一眼手中的东西，全都是些琐碎的争端，只为了替那些养尊处优的委托人省下区区几英镑。凯莱忽然对这一切感到厌倦，他天才的大脑再也无法忍受这种毫无意义的工作，于是他厌恶地把那些材料扔在地上，大喊了一声："该死的垃圾！"接着，他继续和西尔维斯特谈论数学。这是凯莱唯一一次发脾气。

在从事律师职业 14 年后，凯莱放弃了这个职业。即便如此，他仍在当律师的时候发表了 300 多篇数学论文，其中有许多现在已经成了经典文献。

凯莱和西尔维斯特的友谊就是在他当律师期间建立起来的，此时凯莱已经完成了《论线性变换理论》的论文。他们经常在一起交流，不断地将不变量理论深化完善。阐述不变量理论的数学概念过于抽象，我们可以用更简单的实例来描述。想象手中有一块橡皮泥，可以在上面画出一个图形，然后将橡皮泥拉伸，但是需要控制好力度，使拉伸的程度不至于把橡皮泥撕碎。这时候，橡皮泥上图形的面积、角度和周长都发生了变化，同时有一些因素是不变的，比如点的位置。不变量理论研究的就是拉伸后橡皮泥上图形的一系列变化问题。

再联想一下爱因斯坦的相对论，当运动物体接近光速时，它的时间会被压缩，但在同一个参考系中，事件发生的顺序是不变的。

1863 年，剑桥大学新创立了一个席位，即萨德勒数学教授席位。他们向凯莱提供了这一职位，凯莱很快就接受了。也是在这一年，42 岁的凯莱与苏珊·莫林结婚，结束了漫长的单身生活。虽然作为数学教授挣的钱比律师要少得多，但凯莱并不后悔。他依然生活得顺风顺水，保持着平静淡然的状态，他也总是给年轻的数学学习者提供耐心的辅导、慷慨的帮助和恰当的鼓励。事实上，他不仅是一个好的数学家，也是一个好的教育家。

几年后，大学重新安排了凯莱的工作，他的薪金提高了。需要教授的课程也由每学期一门课增加到两门，现在他的生活完全围绕着数学研究和教学行政工作展开。凯莱从事过的律师职业，为他提供了充足的法律知识和处理琐碎事务的能力，他本人平和的性格与不受个人情感影响的判断力，都成为他在教学行政管理上的宝贵财富。凯莱的话不多，而他的话通常是经过深思熟虑后才说出的，一旦说出，便会被学校当作最后的决定接受下来。

凯莱的婚姻和家庭生活非常幸福，他跟妻子生育了一儿一女。随着年龄日益增长，他的头脑仍像年轻时强健有力，性格则变得更加温和平静。如果有人在他面前说出一些武断的观点，他会心平气和地跟对方探讨。

在凯莱担任教授期间，妇女能否接受高等教育是当时社会上争论极为激烈的问题之一。凯莱利用他的影响力，说服了学校，让妇女也可以作为学生接受高等教育，这是他对推动社会普及科学教育的一大贡献。

凯莱一生都保持着对数学的创造，就连离世前的那个星期，他也仍以坚毅的勇气对抗长期患病带来的痛苦，继续工作。1895年1月26日，凯莱寿终正寝。凯莱的学生福赛思接替了他在剑桥大学的职位，并在《凯莱传记》中写道："他不仅仅是一个数学家，他还是心怀崇高理想奋斗至生命最后一刻的'快乐战士'。他崇高的品格、卓越的才识、温润如水的性格都对与他相识的人有着重大影响。当他离世时，大家都深刻地感受到：一个伟人从这个世界上消失了。"

凯莱一生著作等身，为他编纂的《数学论文集》，足有13大卷，收录了他所写的966篇论文。他所做的工作许多已经成为数学的主流，也为未来几代富有探索精神的数学家们提供了宝贵的食粮。

3
西尔维斯特
James Joseph Sylvester

也许我可以适当地要求获得“数学亚当”这一称号，因为我相信数学理性创造物由我命名，比同时代其他数学家加在一起还要多。

——西尔维斯特

不肯屈服的犹太少年

詹姆斯·约瑟夫·西尔维斯特于 1814 年 9 月 3 日出生在伦敦一个犹太人的家庭，是兄弟姐妹中最小的那一个。他出生时的名字是詹姆斯·约瑟夫，只因他的长兄移居美国，在那里用了西尔维斯特这个姓氏，家里的弟弟妹妹们纷纷效仿，为自己永久地冠上了“西尔维斯特”这个姓氏。至于为什么一个正统犹太人会给自己冠以基督教所喜爱、犹太人所憎恨的姓氏，恐怕是个永久的谜题了。

西尔维斯特在 6 岁至 14 岁上的是私立学校，关于他的童年时代，人们知之甚少，因为西尔维斯特总是对此保持沉默。但是他像凯莱一样，很早就展露出了数学天赋。14 岁那年，西尔维斯特到伦敦大学就读，师从德·摩根，继续深入钻研数学理论。德·摩根在分析学、代数学、数学史及逻辑学等方面都做出过重要贡献，并积极筹备伦敦数学会，在担任会长期间，他为英国青年数学家和爱好者们提供了增进扩大数学知识的优秀平台。西尔维斯特在德·摩根的指导下受益匪浅，他在一篇写于1840年的论文《论共存的导数》中说：“我得感谢德·摩根教授，我为曾经是他的学生而自豪。”

1829年，15岁的西尔维斯特进入利物浦的皇家学院，在这里进修了两年。他在第一年便获得了数学奖学金和皇家学院特设的一项数学大赛奖励。他在数学上的学习已经远远超出了同龄人的水平，学校现有的课程早就赶不上他学习的速度，所以需要为他一个人单独开班授课。与此同时，西尔维斯特还通过大哥和美国建立了联系，为他后来远赴美国奠定了基础。西尔维斯特的哥哥在美国的职业是保险精算师，当时美国彩票协会遇到了一个彩票抽奖排列的概率算法问题，这个问题如果能够得以解决，将会为彩票商人带来极大的利润。大哥向美国彩票协会极力推荐弟弟西尔维斯特来处理这一难题。刚刚在国内崭露头角的西尔维斯特给出了完美的解决方案，为此获得了一笔500美元的奖金。

西尔维斯特在数学上取得的成绩有多美好，在宗教上的待遇就有多糟糕。利物浦的宗教环境并不宽容，那些信奉基督教的年轻学生对犹太教信仰嗤之以鼻，时常捉弄、迫害西尔维斯特，强制他改变自己的信仰。可是，与温润如水的凯莱不同，西尔维斯特勇敢、坦率，拥有烈焰般的性格，像个天生的战士，不肯屈服于任何威胁。这让他在学院的日子越来越难过，于是他逃亡都柏林。一路奔波与消耗让这个十几岁的少年口袋里只剩下了几先令。幸好在都柏林的一个远亲认出了西尔维斯特，赶忙把他带回家，招待他吃喝，还让他洗了个舒服的热水澡，又对他进行了思想和心理上的开导。西尔维斯特心中的郁结有所纾解后，便带上亲戚给他的路费，返回了利物浦。

可是，英国针对西尔维斯特的宗教迫害并没有结束。1831年，17岁的西尔维斯特进入了剑桥大学圣约翰学院。由于身患重病，他中断了大学学业，直到1837年才参加数学荣誉学位考试，并获得了第二名的成绩。尽管他没有夺得冠军，但从今后的发展轨迹和对数学的贡献来看，那个年轻的冠军早就变得不为人知。现在看来，西尔维斯特没能得到第一名，可能也是由于犹太人的身份，因为学校以这个理由剥夺了他参加史密斯大奖赛的资格。

9年后，剑桥大学受教会裹挟，拒绝授予西尔维斯特这个犹太人硕士学位。这次又是都柏林接纳了西尔维斯特，三一学院授予他学位，承认了他对数学的贡献，没有因为宗教信仰的不同而将他排斥在外。而剑桥大学直到1871年才彻底摆脱教会的束缚，给予了西尔维斯特应有的荣誉。

在这场关于宗教、身份的外在标签的争斗中，西尔维斯特用他狮子般奔放不羁的勇气战胜了英国的传统保守派，维护了自己的权利。而这份勇气也让他的人生充满了不肯屈服的火药味。

在知识兴趣的广度方面，西尔维斯特和凯莱相似。他在希腊文和拉丁文古典文学原著上有着渊博的知识积累，并且终身保持着对文学的爱好。除此之外，他还对法国、德国、意大利的原著文学颇有兴趣。这让西尔维斯特在写作数学论文时，可以自如顺畅地引用古典文学中的内容，恰如其分地阐述数学问题，从而使文章变得生动、活泼、有趣。这样的例子，在西尔维斯特4卷本的文集《数学论文》中比比皆是。不变量理论中生动的术语、由希腊文和拉丁文锻造出的数学新词汇，都要归功于西尔维斯特的业余爱好，他还称自己为“数学亚当”。

如果西尔维斯特没有成为一个伟大的数学家，那他就会在文学，尤其是诗歌方面有所建树。西尔维斯特沉迷于诗歌的美妙“规律”，一生中留下了许多诗作。当时英国最流行的十四行诗，也是他的最爱。

西尔维斯特在艺术方面的一个兴趣是音乐，据说他曾一度跟随法国作曲家查理·弗朗索瓦·古诺学习声乐，这让他成了一个造诣颇深的业余爱好者。西尔维斯特喜欢在工人集会上为他们唱歌，“高音 C 调”的演唱技巧比对不变量理论的完善更让他感到自豪。

上一章讲述了凯莱和西尔维斯特之间的亲密关系，可以说对数学的热爱是两人最大的共鸣，而两人的差别非常大。其中一点就是学习数学的方式和过程。凯莱依靠博览其他数学家的著作建立了自己的数学世界；西尔维斯特正好相反，他没法忍受去学习掌握别人在数学上的创造性工作。西尔维斯特晚年的时候，曾邀请一位年轻人来教他些关于椭圆函数的问题，因为他想把椭圆函数应用到数论上。课程大约上了 3 次，西尔维斯特便扭转授课的角色，开始给这个年轻人讲解自己在代数方面的最新发现。而凯莱似乎什么都知道，全欧洲的作者和编辑都将他当作审稿人征求意见。凯莱也不会忘记他看过的资料，西尔维斯特却连记住自己的发明都很困难，有一次他甚至争论自己创造的某个定理是否成立。不过，正是这种性格和行为上的反差，让西尔维斯特和凯莱成了最好的、最亲密无间的搭档。

被点燃的数学激情

1838年，24岁的西尔维斯特得到了生平第一份固定工作——在伦敦大学担任自然哲学教授，他跟老师德·摩根成了同事。在剑桥大学时，西尔维斯特学过化学，并且终生保持着对它的兴趣。按理来说，他完全可以胜任这份工作，但教科学与创造科学完全是两回事，西尔维斯特没法对教书保持热情，大约两年后，他放弃了这份工作。西尔维斯特的数学成就那样突出耀眼，却没能为他在大学争取到一个合适的位置，以支持他继续开展研究工作，足以看出教会对科学进步起到了多么巨大的阻碍作用。值得庆幸的是，他在25岁被选为皇家学会会员，科学仍为这名数学斗士留了一道门。

大概是对英国太过失望，西尔维斯特决定跨越大西洋，远赴美国，担任弗吉尼亚大学的数学教授。也许他觉得一个新生的国度会有更多发展机会。然而，脾气火暴的西尔维斯特再次遭遇了现实的打击。他刚在美国教书3个月，一名年轻的学生就在课堂上对他进行了辱骂，他要求学校严惩这名学生，却遭到了拒绝。西尔维斯特一怒之下递交了辞职报告。接下来的一年多时间，他积极努力地向哈佛大学和哥伦比亚大学申请教授职位，均以失败告终，他不得不返回了英国。

也许是西尔维斯特在教授这行里失去了良好的名声，也许是他对教书完全丧失了兴趣，回到伦敦后，他找了一份人寿保险公司保险精算师的工作。这份工作对一个富有创造力的数学家来说简直是毁灭性的打击，枯燥乏味、毫无建树的机械运算和锱铢必较的小心眼算计，几乎扼杀了西尔维斯特作为数学家的生命力。幸而，他收了几名学生，开设了私人授课班，以便让自己对数学保持着旺盛的斗士精神。

在这些学生当中，有一个直到今天都在世界范围内享受盛名、备受尊敬，那就是护理事业的创始人和现代护理教育的奠基人弗洛伦斯·南丁格尔。19 世纪 50 年代初的欧洲，女性地位并不高，人们对于青年女子的期待非常低，只要她们能打扮得花枝招展，令周围的人赏心悦目，再加上点虔诚信奉教会、听从父母或丈夫的指令，就没有人会对她们有任何过多的要求。南丁格尔打破了这个局面，她向顽固的军队官僚作风提出了愤怒的抗议，将现代化的护理方式带入了陆军医院，告诉人们女性可以像男人一样在战场上发挥重要作用。

1854 年，南丁格尔小姐奔赴克里米亚战场，西尔维斯特也摆脱了保险精算师这个临时糊口的职业，正式加入律师行列。这样一来，他终于和命中注定的好友凯莱走到了一起。

1950 年，当时凯莱 29 岁，西尔维斯特 36 岁，他们都是单身，都没有在数学世界里找到自己合适的位置。他们仅有的不同，是凯莱在律师行业里顺风顺水地享受人生，西尔维斯特则依旧不停地寻找自己的职业道路。如今，这两个人碰撞在一起，唤起了西尔维斯特旺盛的数学生命力，他如同获得了一对崭新的肺，可以自由呼吸着数学，在数学中生活。这对好朋友经常一边围绕着林肯法律协会的院子散步，一边讨论着由他们一手缔造的不变量理论。后来，西尔维斯特搬家了，他们就在两人住处的中间位置约定一个地方碰面，继续讨论数学。

1851 年，西尔维斯特在他发表的一篇论文中毫无掩饰地迸发出他对凯莱的感激之情，这段文字插叙在他阐述线性等价二次形式的子行列式关系中：“上面阐明的定理部分是在同凯莱先生的一次谈话过程中提出的……我感激他使我恢复了享受数学生活的乐趣。”

一年后，西尔维斯特又提到：“凯莱先生，他通常讲出来的都是珍珠和宝石。”35 年后，西尔维斯特在牛津大学演讲时，又衷心地赞扬了凯莱：“他虽然比我年轻，却是我精神上的前辈——他是第一个令我睁开双眼、清除我眼中杂质的人，从而使我能看见并接受普通数学中拥有更高深的奥秘。”

凯莱也总会提到西尔维斯特的卓越贡献，但显然西尔维斯特认为凯莱对自己的帮助更大。

焕发第二次数学生命

西尔维斯特终身未婚。

当凯莱在剑桥大学安静地从事数学研究时，他的朋友西尔维斯特仍然在跟世界搏斗。1854 年，西尔维斯特同时申请了伍利奇皇家陆军军官学校和伦敦格雷舍姆学院数学教授的职位，令人失望的是，他的试用演讲有些超出了主管委员会的理解范围——他太优秀了，以至于管理者宁愿选择一个才能比他略低的人。不过，取代他在伍利奇皇家陆军军官学校担任教授的人一年后因病去世了，学校没有更好的选择，只能让西尔维斯特上任。

西尔维斯特在伍利奇皇家陆军军官学校任教了 16 年，直到 56 岁时被迫退休。“退休”的原因有两个。第一个是学校官僚作风盛行，尽管西尔维斯特仍保持着旺盛的精力、极具才华的创造力，但是学校管理者认为人一旦到了他这个年纪就没有了利用价值。换句话说，学校判定退休的标准是“年龄”，而非这个人能否胜任这份工作。

如果说第一个原因显得很蠢笨，那么第二个原因就有些无耻了。西尔维斯特的薪资不是特别丰厚，待遇还包括对公共牧场的使用权。可是他既不养牛、马、羊这些家畜，自己也不靠吃草生存，这项权利就显得毫无意义。不过，学校管理者认为以这个借口克扣薪资还远远不够，他们又瞒着西尔维斯特，利用各种方法偷取他的薪资。当事情暴露时，西尔维斯特不肯低头屈服，他倔强地要求校方全额补足被偷取的薪资。他顽强的斗争能力令学校退却了，付足了津贴。

西尔维斯特在物质生活上的不愉快跟他在科学上的建树形成了鲜明对比。他常常得到各种各样的荣誉，其中有一项科学界人士最珍视的荣誉——法兰西科学院的外籍通讯院士。由于施泰纳去世，几何部空出一个席位，西尔维斯特于 1863 年当选为该部的外籍通讯院士。

西尔维斯特退休后，住在伦敦。他在长达 6 年的时间里，没怎么做过数学研究。他写诗、下棋、阅读古典文学作品，甚至出版了一本叫《诗律》的小册子。这样的生活愉快又轻松，他原本可以将这种状态维系到生命尽头，然而，1876 年，这位年逾花甲的老人重新杀回了数学世界。西尔维斯特根本就压制不住体内火热的数学因子。

1875年，吉尔曼在美国马里兰州的巴尔的摩创办约翰斯·霍普金斯大学。有人劝吉尔曼在建校之初聘请一位杰出的古典文学学者和一位最好的数学家作为核心教师力量。有了这两个顶梁柱，其他的一切也会慢慢步入正轨。

于是，吉尔曼邀请了西尔维斯特。1876年，西尔维斯特再次跨越大西洋，担任约翰斯·霍普金斯大学的数学教授。吉尔曼付给他年薪5000美元，这在当时可谓非常丰厚。要知道，在伍利奇皇家陆军军官学校时，西尔维斯特的薪水折合成美元只有2750美元，这还包含了所谓的牧场费用。不过，大概是被上一所任教的学校的算计和抠门伤害到了，接受聘请时，西尔维斯特提出了一个条件：用黄金支付薪水。

1876年到1883年，西尔维斯特在约翰斯·霍普金斯大学度过。这是他生平最幸福、最平静的几年，这期间他不必再去“跟世界搏斗”，他好像一下子年轻了40岁，焕发出崭新的思想，拥有充沛的热情和精力。他深深感激约翰斯·霍普金斯大学给他提供了机会，使他在62岁的年龄还能开启第二段数学生涯。1877年，西尔维斯特在校庆典礼上的讲话中，概述了他在数学研究方面希望完成的事。

凯莱教授将数学中的一些东西称为代数形式。它们与几何形式相区别，却可以体现在几何形式中，为现实问题提供可供解决的运算方案。每一个代数形式都与无穷多种的其他形式相联系，这些形式可以被看成由第一种形式产生的，或是在它周围浮动着，宛如大气存在的原始形态。这些发散物是无限的，可能是由混合着一些有限数目的基本形式合成的。这些基本形式在代数形式中被称为标准射线。正如物理学家们忙着确定每一种化学物质光谱中固定的谱线那样，许多数学家的目标都是找出这些代数形式的基本导出形式，它们被称为共变式，以及不变量。

在这段话中，西尔维斯特对代数做了一个“通俗数学解释”。随后他又继续鼓舞年轻一代数学家去追逐自己的新发现：“我目前有一个班，每节课有 8 到 10 个学生来听我讲现代高等数学。他们当中有一位年轻工程师，他每天从早上 8 点到晚上 6 点都需要处理自己的本职工作，仅有一个半小时可以用来吃饭和听讲，即便如此，他仍对某个定理提供了我所见过的最好的证明……”

有时候，鼓励本身就是最好的教授，这也是证明教学先进的标准之一。对于收养了西尔维斯特的美国，他是如此赞美的：“……我相信，全世界没有一个国家像美国这样，有特色的才能备受重视……”这正是 19 世纪处于成长时期的美国，它开放且包容，吸引了无数来自全球各地的精英和人才。

他还谈起自己的数学生命是怎样被重新唤醒并焕发出丰富的创造力的：“要不是这所大学的一个学生坚持要跟我学习现代代数，我永远也不会从事这样的研究……我不得不让步，结果怎样呢？为了阐明我们的教科书上一处含混不清的解释，我绞尽脑汁，让热情重新活跃起来，一头扎进了一个已经被我放弃了多年的课题，找到了过去长时间吸引我注意力的精神食粮，它也许要在今后几个月中有力地占据我全部的思考能力。”

西尔维斯特几乎所有的公开演讲或篇幅较长的论文，都包含着许多可以引证数学的内容。从初学者到有经验的数学家，都可以从西尔维斯特的著作集中选出相应的内容供自己阅读和学习。也许其他数学家都不会像西尔维斯特那样，通过写作如此透彻地展示自己的个性。他喜欢与人交往，并用自己对数学富有感染力的热情去影响他们。为此，他说过：“只要一个人喜欢群居、爱好交际，他就会不自觉地把正在学的东西传达给别人，通过与别人交谈安抚他脑子里正在沸腾着的思想，而这是一种天性。”

1878 年，西尔维斯特创办了《美国数学杂志》，并经约翰斯·霍普金斯大学委任担任主编。这本杂志无疑让美国落后的数学地位得到了空前提升。

叶落归根

1883 年，杰出的爱尔兰数论专家、牛津大学几何教授亨利·约翰·斯蒂芬·史密斯在他科学研究的壮年时期去世了。牛津大学邀请年迈的西尔维斯特担任这一空出的教授席位。西尔维斯特接受了邀请，这使他在美国的无数朋友深感遗憾，认为那个曾经抛弃了他的国家不值得回去。但是，西尔维斯特 70 岁了，他想家了。也或许美国给了他某种满足感，让他知道自己在数学上是可以有所成就的，现在他需要带着这份成就回国，肩负起自己的责任。

回到牛津大学后，西尔维斯特以一种崭新的数学理论——微分不变量开始教导高年级的学生。除去不可抗力原因，几乎每个数学家都很长寿，而且健康，他们的大脑也不会因为年老而迟钝。西尔维斯特也是如此。

可是，人是没法与时间赛跑的。1893 年，西尔维斯特的视力开始衰退，他已经 79 岁了，随后他辞去了教授的职位，在伦敦和坦布里奇韦尔斯来回居住。西尔维斯特的老年生活孤独而沮丧，他的哥哥姐姐们和大部分亲密的朋友都已经去世，终身未婚令他也没有儿孙环绕膝下。尽管他还保持着敏锐的思维，创造力的锋芒却已经迟钝。现在，最吸引他热情的是哥德巴赫猜想。

1897 年 3 月，西尔维斯特在房间里研究哥德巴赫猜想时，突然瘫痪，几日后溘然长逝，享年 83 岁。

他的一生可以用自己的话总结：“我确实热爱数学。”

4
魏尔斯特拉斯
Karl Theodor Wilhelm Weierstrass

近代得到最伟大发展的理论，无疑是函数论。

——维托・沃尔泰拉

一个人能否长时间从事初等教学工作而仍然在数学上保持创造力呢?

这个问题大概有许多年轻的数学博士都在焦急地寻找答案,他们中的许多人感到自己所处的低等职位有时候会限制他们的才智发挥。分析学大师、“现代分析学之父”魏尔斯特拉斯用他精彩的一生给出了答案。

在详细论述魏尔斯特拉斯之前,我们按年代顺序把他和德国同时代的数学家列在一起,以 1855 年——这一年高斯去世了——作为分隔点,标志着新生代数学家与上一世纪的数学家的最后联系中断了。从 19 世纪后半叶至 20 世纪前 30 年,这些德国数学家拓宽了数学的领域,提出了令人耳目一新的见解。

1855 年,魏尔斯特拉斯(1815—1897)40 岁,克罗内克(1823—1891)32 岁,黎曼(1826—1866)29 岁,戴德金(1831—1916)24 岁,康托尔(1845—1918)还是一个 10 岁的小孩子。

从这一串名单中可以看出,德国的数学人才辈出,足以继承高斯的衣钵。这时魏尔斯特拉斯刚刚得到学术界的认可；克罗内克的学术生涯刚起步；黎曼已经做出了一些伟大的成就；戴德金正步入令他名声大噪的领域——数论；当然，康托尔是个处于成长期的孩子。

这些人的研究工作互不相同，几乎毫无关系，但其中 4 人都瞄准了数学的一个中心问题，即无理数问题。魏尔斯特拉斯和戴德金继承了欧多克斯的研究方向，重新开始了对无理数和连续的讨论；克罗内克是芝诺的现代继承者，他怀疑并批评魏尔斯特拉斯对欧多克斯的修正，造成了魏尔斯特拉斯晚年的不幸；而康托尔闯出了一条崭新之路，他力图领悟“实无穷”的概念。

魏尔斯特拉斯和戴德金开创了分析学的现代纪元，即分析学的严格逻辑精确性。

微积分自牛顿、莱布尼茨创立以来，获得了空前的发展。但是，它的许多概念还是含混不清的，它的基础仍旧薄弱。达朗贝尔首先察觉到需要有一个极限理论来消除混乱；拉格朗日则在《解析函数论》中做了有益的尝试；高斯比同时代数学家更早排除直观，对严密性提出了更高的要求；柯西把问题大大推进了，他的极限理论对分析的发展和级数敛散性的判别都是必不可少的。最终，魏尔斯特拉斯的发现令直观派分析学家感到震惊：一条连续曲线却处处没有切线！

高斯一度称数学为“眼睛的科学”，可如果想让鼓吹直观的人“看见”魏尔斯特拉斯的曲线，仅有一双好眼睛还远远不够。

选择一条属于自己的路

卡尔·特奥多尔·威廉·魏尔斯特拉斯于 1815 年 10 月 31 日出生在德意志明斯特区的奥斯滕费尔德，他是家中的长子。11 岁那年，母亲生下小女儿后撒手人寰。此时，卡尔已经有了弟弟彼得、两个妹妹克拉拉和伊丽泽。

卡尔的母亲生前对婚姻十分厌恶，更反感自己嫁的这个男人，所以她去世后的第二年，卡尔的父亲就再婚了。继母是个典型的德国家庭妇女，终日埋首于繁重的家务，虽然照顾好了丈夫前妻留下的孩子们，但是并没有为这个家带来太多温馨。卡尔的父亲是法国海关官员，他原本信奉新教，后来改信了天主教。他曾经当过教师，有一定的文化，但他控制欲极强，拥有普鲁士式的顽固，总是对子女的教育独断专行，喜欢蛮横无理地训诫儿子们，横加干涉他们的事业和生活。为此，他的孩子没有一个人结过婚，大概毫无温情可言的家庭生活让他们都丧失了对婚姻的希望。

幸好卡尔和弟弟妹妹们的感情非常好，他一生都受到妹妹们的照料。与弟弟彼得不同，卡尔更具有反抗精神，他将父亲为他选择的生活弄得一团糟，然后凭借强健的体魄和坚韧的意志走上了一条自主行事的道路。弟弟彼得的人生则在父亲喋喋不休的语言攻击下被毁掉了。

卡尔出生后不久，父亲当了威斯特伐利亚的盐场海关官员，于是全家迁居到韦斯特科滕。魏尔斯特拉斯的第一篇论文就在此写成，这个名不见经传的小城也因这位大数学家而名声大噪。然而，在卡尔的童年时期，这里还没有学校，他只好去邻近的城镇明斯特读书，14 岁时进入了帕德博恩天主教高级中学。魏尔斯特拉斯非常喜欢他的学校，他用了 5 年的时间完成了所有课程，门门功课都取得了优异的成绩，奖学金和各种学校奖项拿到手软，甚至有一年一口气得了 7 项大奖。极具讽刺意味的是，魏尔斯特拉斯的德语、拉丁语、希腊语成绩都名列前茅，却从未获得过书法奖，他未来的工作反而是教导刚识字的小孩子们学习书法。

另一件有意思的事是，数学家们往往都喜欢音乐，魏尔斯特拉斯却不能忍受任何形式的音乐。当他在数学事业上获得成功时，妹妹们为了让他能自如地应对社交场合，便给他报了音乐课。结果魏尔斯特拉斯只上了一两次课，就再也不想去了。随后妹妹们又频繁带他出入歌剧院和音乐厅，他竟然在听歌剧的时候睡着了。从此，家人放弃了给他灌输音乐的想法，魏尔斯特拉斯也变成了与音乐绝缘的数学大师。

15 岁时，魏尔斯特拉斯赚到了人生中第一笔酬劳，他去给一个卖火腿和奶油的女商人当了会计，对方生意火爆，赚了不少钱，回馈给这个小会计的报酬也相当可观。这件事导致了父亲对他的才能的错误判断：这孩子赢得了一大堆奖学金，所以他有一个聪明的脑子；他小小年纪就能通过誊写账本挣来零用钱，所以他会成为一名高明的簿记员。而簿记员顶多能进入普鲁士的行政机构，于是，父亲将极具天赋的大儿子送入了波恩大学，在那里学习法律，为进入政府部门做好充分准备。

卡尔听从了父亲的安排，却完全没有按照父亲预想的那样投入法律学习。在大学期间，他将时间全都用在了击剑和夜晚的社交活动上。充沛的体力、敏捷的头脑，以及闪电般的灵巧身姿，令魏尔斯特拉斯成了优秀的击剑手。4 年里，他从无败绩，从未流过一滴血，甚至从没有让对手击中过一次。令人没想到的是，如此厉害的击剑手会不胜酒力，仅半加仑啤酒就能令他呼呼大睡。

像许多一流的数学家那样，魏尔斯特拉斯在大学期间去拜访了数学大师们。他醉心于拉普拉斯的《天体力学》，喜欢阅读那些让他的弟弟妹妹们完全不知所云的数学著作。当然，这一切都不能让父亲知道。

大学 4 年，魏尔斯特拉斯没有取得任何学位。他的父亲认为他白白浪费了光阴，但回过头来看，魏尔斯特拉斯并非一无所获。首先，这 4 年让他不再纠结于父亲对自己的支配，能够面对并坦然接受父亲的爱；其次，这 4 年让他能够坦然接受那些天资不如自己的人，并将他们当作自己的学生悉心教导；再次，这 4 年帮他保持住了他童年时代的幽默感和亲切感，并使其成为他性格中不可磨灭的一部分。

在魏尔斯特拉斯因没有拿到学位证书而受到父亲责难的时候，他们家的一个善良的朋友出手相助了。这位朋友本身是一个数学爱好者，能看出魏尔斯特拉斯对数学有浓厚的兴趣。他建议让卡尔去参加明斯特大学举办的国家教师考试，这次考试不能让卡尔重获学位，却可以给予他一份教师的工作，也能让他在闲暇时继续钻研数学。魏尔斯特拉斯觉得这是个不错的机会，便请求父亲让自己参加考试，父亲也没有其他更好的选择，就同意了。

1839 年 5 月 22 日，魏尔斯特拉斯被录取了，成了一名中等学校的教师。虽然这时他离数学世界还很远，但这是一条脱离父亲掌控、自己选择的自由之路。

锋芒初现

1829 年，雅可比发表了《椭圆函数理论的新基础》；1839 年，到明斯特担任数学教授的克里斯托夫·古德曼十分热衷于研究椭圆函数。他在阿贝尔的好友克列尔的建议下，发表了一系列关于椭圆函数的文章，不过现在已经没有什么人关注古德曼的研究成果了。他对数学最大的贡献，是引领了魏尔斯特拉斯。

魏尔斯特拉斯和古德曼一见如故。古德曼讲授第一节椭圆函数课时，来了 13 个学生，由于是他深爱的课题，所以讲着讲着古德曼就放飞自我，不再按照书本上的知识来，而是让思维飘荡在自由的天空中。结果，第二节课时，只来了魏尔斯特拉斯一个人。从此，上这门课时，再也没有第三个人来打扰这对师徒。加上古德曼和魏尔斯特拉斯都是天主教徒，两人交往更加融洽。

在这种惺惺相惜的状态下，古德曼向魏尔斯特拉斯讲述了自己在椭圆函数上的大胆创新：以函数的幂级数为基础，开展了幂级数理论的研究。当然，最终将这门分析学发扬光大的是魏尔斯特拉斯，但他的老师贡献了最初的灵感。而这个灵感让魏尔斯特拉斯付出了毕生努力，他晚年思考自己在分析学中发展出的理论时，禁不住惊呼："除了幂级数，什么也没有！"

古德曼也得到了应有的回报。魏尔斯特拉斯成名之后，不放过任何公开场合表达对老师的感激之情。因为他深知，古德曼传授给他的不是一星半点的知识，而是足以开创数学新格局的伟大开端，它鼓舞魏尔斯特拉斯迈进了数学世界的大门。

不过在 1841 年时，26 岁的魏尔斯特拉斯还挣扎在参加教师资格证考试的征途上，当时他从事中学教师工作刚满一年。那场考试分笔试和口试两部分。笔试要求考生在 6 个月内，根据主考人出示的 3 个题目，写出 3 篇论文。魏尔斯特拉斯请求老师古德曼给他出一道真正的数学题：找出椭圆函数的幂级数展开。古德曼如他所愿，并将这件事写进了给学校的官方报告。

“这个问题，对一个年轻的分析学者过于困难了，它是应报考者本人的请求，并经委员会同意才提出的。”

魏尔斯特拉斯没有让老师失望，他出色地完成了这篇论文，并在口试中得到了“优秀”的评语。古德曼随后在给出的考试评价报告中指出了他解决问题的独创性和某些结论的新颖性，并说：“这种才能如果不被浪费掉，必然会对科学的发展做出贡献。为了作者的前途和科学的发展，希望能让他在高等学府中发挥作用，而不是当一名中学教师……该报考者已经凭借自己的能力进入了数学创造者的行列。”

古德曼在这段评语下面画了横线予以强调，希望引起校方的注意，但是校方只给魏尔斯特拉斯颁发了一张数学独创性贡献特别证书，丝毫没有理会古德曼的意见，而是让魏尔斯特拉斯在最有创造力的 15 年里当了一名普普通通的中学教师。

也许这对魏尔斯特拉斯来说有些不幸，但对数学来说却是幸运的，因为他培养出了许多高才生。对一名教师来说，教得好坏是由学生来判断的。如果他的学生上课积极认真，做了大量的笔记，但是在取得高等学位以后，不从事任何创造性的数学工作，那么这名教师只适合在中学培养驯服的绅士，而非具备独立思想的数学创造者。魏尔斯特拉斯正好相反，他为自己的课堂赋予了灵感，培养了一大批富有创造力的数学家。

积蓄力量

魏尔斯特拉斯的工作异常繁重。

他白天教书，夜晚跟政府官员和年轻的军官们出入酒吧，像一个平庸和气的中学教师那样，能与任何人成为酒肉朋友。然而，当夜深人静之时，他又跟另一个朋友——阿贝尔一起熬夜。他总是将阿贝尔的著作放在手边，思路枯竭时，便会翻翻，不时感叹道："阿贝尔，这个幸运的家伙！他做出了永恒、不朽的东西，他的思想将永远给我们的科学以丰饶的影响。"后来，当他成为世界上第一流的分析学家和欧洲最伟大的数学老师时，他时常对学生们说："读读阿贝尔。"

魏尔斯特拉斯的绝大部分数学思想都是在默默无闻地担任中学教师时得出来的。他在偏僻的乡下得不到先进的书籍；由于经济拮据，他无法支付高昂的邮费，所以也没办法进行科学通信。不过，不能接触当时最流行的数学思想，就不会妨碍他的自由发展，从而能够使其发展出属于自己的独立观点，这也算是一件好事。

在明斯特高级中学担任见习教师期间，魏尔斯特拉斯写了一篇关于分析函数的论文，独立得出了柯西的积分理论，也就是分析学的基本定理。1842 年，听说柯西同样做出了积分理论的研究成果，他却没有提出优先权的要求，而是把自己发展的方法应用到了微分方程组中去。所有的这些工作，魏尔斯特拉斯从未想过去发表，他只是在为毕生研究的事业打基础。

1848 年，33 岁的魏尔斯特拉斯到布劳恩斯贝格的高级中学任普通教师。这所学校的校长为才智卓越的魏尔斯特拉斯提供了一间小小的图书馆，里面关于数学和科学的书籍都是校长精挑细选出来的，这多少满足了魏尔斯特拉斯对知识的追求。

同样在这一年，魏尔斯特拉斯利用短短的几个星期进行了一场小小的政治恶作剧。当时，德意志人民的自由意志正在觉醒，一些争取民主的自由派人士到处宣扬革命宗旨。布劳恩斯贝格突然出现了一大批民主诗人，在地方报纸上写了许多赞美民主自由的诗歌。为了应对这种局面，掌权的保皇派开始对报纸、出版物进行严格检查，以便更好地控制社会舆论。但是仓促间，他们只能随便任命一位地方官员担任检查员。新任命的检查员厌恶所有的文学形式，特别是诗歌，他本人的文学素养也非常有限，仅满足于删改一些单调乏味的政治性文章。为了更好地完成任务，这名官员便将检查工作交给了魏尔斯特拉斯。这可乐坏了魏尔斯特拉斯，他知道官员一定不会对任何诗歌看上一眼，便安排人员将那些违规的诗歌当着官员的面堂而皇之地印刷出来。这项举动立即引来了大众的拥护，他们欣喜若狂地阅读着这些自由的诗篇。

直到一名高级官员发现端倪，及时出手，才制止了这场闹剧。当局指派的那名检查员接受了这起事件的所有惩罚，魏尔斯特拉斯则毫发无损。

迸发数学之光

魏尔斯特拉斯在他的中学执教生涯中从未间断对数学的研究，也没有停止写作论文。但有时候，研究成果从数学家手中成文并不意味着会立即引发关注。

德国中学会不定期出版“教学计划”，这里面也会刊登一些教职员的文章。1842 年，魏尔斯特拉斯在上面发表了一篇《论分析阶乘》的文章。阶乘曾经是令老一代分析学家们一筹莫展的课题，只有魏尔斯特拉斯一开始就抓住了阶乘问题的关键点。但是，这篇文章没有激起任何水花。

1848 年，魏尔斯特拉斯迁往布劳恩斯贝格时，在该校的“教学计划”中又发表了一篇《献给阿贝尔积分的理论》。任何一个德意志专业数学家看到这篇文章，都会令魏尔斯特拉斯一举成名。可是，正如传记作者、瑞典人米塔－列夫勒评论的那样，人们不会在中学的“教学计划”中寻找关于数学的划时代论文。

不过，魏尔斯特拉斯好像并不太在乎自己的论文能够引起多大的轰动，他一心扑在数学上，这令他心无旁骛，丝毫不受外界评价的干扰。1853 年，38 岁的魏尔斯特拉斯在韦斯特科滕他父亲家里度过了整个暑假，并写出了一篇关于阿贝尔函数的论文，随后便投稿到克列尔办的杂志。1854 年，这篇论文发表了，并引发了一件有趣的事情。

文章在见报的那天，在布劳恩斯贝格中学引发了震动，学生和老师们都在兴奋地谈论着魏尔斯特拉斯的伟大成就。魏尔斯特拉斯则没有按照课程安排的时间出现在教室里，这让喧哗和争论的声音更大了，以至于惊动了校长。校长到处寻找他的踪迹，最终在魏尔斯特拉斯的家里发现了他。

此时，魏尔斯特拉斯正坐在微弱的灯光下沉思，房间里的窗帘还没有拉开，工作了一个通宵的魏尔斯特拉斯并不知道黎明已经来临，他只告诉校长他正在寻找一条重要的线索，这项发现将会在科学界引起极大的兴趣，无论如何都不能在此时中断工作。校长只好提醒他天亮了，学校里到处都在讨论他的论文的事。

关于阿贝尔函数的论文让魏尔斯特拉斯名声大噪，很多人都不敢相信这是出自一个默默无闻的乡村教师之手，柏林数学界甚至根本没有人听说过他。更令人惊讶的是，这篇著作在发表之初就被修饰得非常完美，在此之前，最初的研究结果丝毫没有泄露出来。这让人不得不钦佩魏尔斯特拉斯的克制力。10 年后，魏尔斯特拉斯在写给朋友的一封信中，曾提到他对克制的看法："……即使是我律师和年轻军官圈子中的朋友们，也认为我是一个热诚而令人感到亲切的人。那份中学教师的工作过于空虚和烦闷，几乎令人无法忍受，眼前没什么值得提的，我也不习惯于谈论将来。"

1856 年，魏尔斯特拉斯在 14 年前写成的《论分析阶乘》重新在克列尔的杂志上发表。克列尔自己写过大量关于阶乘的文章，又接受过阿贝尔在阶乘研究方面的忠告，因此当他看到魏尔斯特拉斯继承了阿贝尔的精神，他自然乐得帮助对方将这一研究成果在自己的杂志上发扬光大。在看到魏尔斯特拉斯的论文揭示了自己研究上的错误时，克列尔大度地说道："我在自己的工作中从来没有带进个人的观点，我也没有沽名钓誉，我只想尽可能地促进真理发展。不论是我还是其他的人，只要能更接近真理，对我而言就是最大的满足。"

魏尔斯特拉斯奠定了19世纪的分析算术化，他认为分析必须建立在普通整数1、2、3……之上，对无理数的研究也要追溯到整数上。他总觉得当时的数学世界缺了点什么，那些不证自明的定理真的是不证自明的吗？当然不是，19世纪的数学家们一个接一个地为数学夯实了根基。在数学中，从来就没有想当然的结论，一切都要靠严密的逻辑推理。因此，19世纪称得上数学的新纪元。

1954年，魏尔斯特拉斯的论文引起轰动后，雅可比的后继者里什洛行动迅速地说服了哥尼斯堡大学授予魏尔斯特拉斯名誉博士学位，并且亲自前往布劳恩斯贝格送交学位证书。在高级中学校长为魏尔斯特拉斯举行的庆祝宴会上，里什洛说："我们大家都在魏尔斯特拉斯先生身上找到了能够教导我们的老师的影子。"由于这句高度凝练的赞美，里什洛获得了教育部的嘉奖，并得到一年假期，以便去从事科学研究工作。

克列尔杂志的编辑博尔夏特也匆忙赶往布劳恩斯贝格，不仅祝贺了那位全世界最伟大的分析学家，还与他建立起了长达20年的亲密友谊。

魏尔斯特拉斯并没有把迟来的荣誉放在心上，多年后在回顾这一切的时候，他只说道：“生活中的一切都来得太迟了。”

1856 年 7 月 1 日，魏尔斯特拉斯成为柏林大学的助理教授，并入选柏林科学院院士。这让他更加努力地投入数学研究中去，经常熬夜导致他健康恶化。1859 年夏天，魏尔斯特拉斯不得不放弃教学工作，去休息治疗。秋季返校后，他的健康状况有所好转，却又在第二年 3 月的一次讲课中突发头晕，倒在了课堂上。

从此以后，魏尔斯特拉斯常常为头晕的症状所困扰。他已担任了专职教授的职位，工作比以往大大减轻了，他还避免亲自在黑板上手写公式，这样能保存体力。通常，他坐在可以看见全班学生和黑板的地方，把需要写的板书口授给学生代表。有时候，学生代表会试图把老师交代的内容改成他认为的更好的样子，这时魏尔斯特拉斯就会走上前去，把改过的内容擦掉，换上他原来的内容。

随着魏尔斯特拉斯的声望传遍欧洲和美洲，来听他课的学生越来越多。魏尔斯特拉斯身边很快聚集了一群极其能干的数学家，他们对自己的老师非常忠诚。由于魏尔斯特拉斯对发表著作这件事不太积极，他的学生们就通过各种演讲去宣传他的思想和新发现，如果不是如此，魏尔斯特拉斯对 19 世纪数学思想的影响就会大打折扣。

魏尔斯特拉斯非常受学生们的欢迎，他身上丝毫没有成名人士的矜持。平时，他喜欢跟学生一起步行回家，或者跟几个要好的学生坐在桌旁喝上杯酒。每当这时，他就会变成一个兴高采烈的“学生”，跟大家开怀谈笑，并且总是积极买单。

关于魏尔斯特拉斯是一名伟大的教师，还有件著名的逸事。1873 年，当米塔－列夫勒从斯德哥尔摩来到巴黎，准备在埃尔米特门下学习分析学时，埃尔米特告诉他：“你错了，先生，你应该在柏林听魏尔斯特拉斯的讲座，他是我们大家的老师。”米塔－列夫勒听从了埃尔米特的忠告，通过魏尔斯特拉斯的函数论研究出了自己的重大发现。

魏尔斯特拉斯是给微积分封顶的人。在牛顿和莱布尼茨发现了微积分后，还从未有人给出过极限的严格定义，这个漏洞被当时的贝克莱主教发现，并引发了第二次数学危机。后来，在高斯、柯西等人的努力下，微积分大厦逐渐稳固。魏尔斯特拉斯则把微积分建立在了只有数的观念上，由此将它完全与几何分开。

可以说，数学在魏尔斯特拉斯手中才真正走上了理性之路。微积分的精髓就是增量无限趋近于零，割线无限趋近于切线，曲线无限趋近于直线，从而以直代曲，以线性化的方法解决非线性问题。由此可见，罗马并非一日建成，微积分的大厦在 200 年间经由数百位数学家之手才得以稳固。

由于长期熬夜，魏尔斯特拉斯的身体严重透支。1897 年 2 月 19 日，他在疾病加流行病的双重打击下，于家中平静离世，享年 82 岁。

5
柯瓦列夫斯卡娅
Sofiya Vasilievna Kovalevskaya

说自己知道的话，干自己应该干的事，做自己想做的人。

——索菲娅·柯瓦列夫斯卡娅

时至今日，科学界仍有性别偏见，认为女性学不好数学。然而，根据 2014 年发表的对各国过去 100 年的数据进行的大规模综合研究，只要是公平竞争，女性的成绩在哪个国家都比男性好。女性的确在文科更有优势，但是在数学上的水平也不差。因此，只要女性不对自己进行长期的心理暗示，哪怕在理工领域，女性的天赋、研究成果也并不会比男性差。

虽然数学史上的女性数学家远远少于男性，但这很大程度上是受限于社会不公平的教育、竞争。科学界对女性有诸多限制。

我们即将认识的魏尔斯特拉斯的弟子柯瓦列夫斯卡娅就是著名的女数学家之一。

柯瓦列夫斯基妻子婚前的名字是索菲娅·科尔温－克鲁科夫斯基，她于 1850 年 1 月 15 日生于俄国的莫斯科，家中还有两个姐妹。索菲娅小时候随父亲移居到了今天的立陶宛，是一名天主教徒，属于希腊教会。

索菲娅 15 岁开始研究数学，她醉心于这门学科。经过 3 年学习，她已经能读懂一些专业的数学论文。之所以能一心一意扑在数学上，是因为索菲娅出身富裕的贵族家庭，家里有足够的财富支持她出国留学，并被海德堡大学录取。

卓越的天资不仅让索菲娅成为近代第一流的女数学家，还令她成长为一名妇女解放运动的领袖。她用自己的真实经历打破了人们长期以来认定女性没有能力进入高等教育领域的偏见。

除此之外，她还是一位才华横溢的作家。年少时，索菲娅曾在数学和文学之间犹豫不决。在她写出那篇著名的数学论文并获奖后，她又以小说形式，写出了自己在俄国的童年生活，并获得俄国和斯堪的纳维亚半岛文学评论家的一致赞美，认为柯瓦列夫斯卡娅的小说无论在风格还是思想方面都可与俄国的优秀文学相媲美。在这本小说体回忆录里，人们可以看出索菲娅的童年并不幸福，也许这跟当时社会对女性的歧视有关。然而，她不幸早逝，其他文学作品只保留了一些片段，唯一的小说被译成了多国文字。

当时的社会风气让人们对女性带有许多偏见，尤其是保守的俄国，对女性限制更多。独身女性在欧洲抛头露面很容易遭受诽谤，还会引起不法之徒的歹心。因此，索菲娅在前往德国海德堡大学的时候，就订下了婚约。

魏尔斯特拉斯和索菲娅的相遇相识还颇有些戏剧性。索菲娅从 1869 年秋季起，就在海德堡大学师从莱奥·柯尼希斯贝格尔学习椭圆函数，在那里她还听了基尔霍夫和亥姆霍兹的物理学讲座，结识了著名的化学家本生。柯尼希斯贝格尔是魏尔斯特拉斯早期学生中的一个，是他老师最活跃、最积极的宣传员。索菲娅在老师热情生动的课堂上被深深打动，决定直接去找魏尔斯特拉斯本人，以求得到灵感和启迪。

1870 年，普法战争爆发，魏尔斯特拉斯放弃了他每年都会进行的暑假旅行，留在柏林讲授椭圆函数。由于战争的缘故，魏尔斯特拉斯班上听课的学生从 50 人减少到 20 人。而索菲娅是位性格刚强、容貌出众的年轻女子，所以魏尔斯特拉斯很容易就对她产生了深刻的印象。

不过，第一次见面时，索菲娅多少隐藏了自己的容貌。她戴了一顶松软的大帽子，这样就把自己那双会说话的大眼睛给遮挡住了，她也隐瞒了自己已经订婚的事实。

她做的这一切是有原因的。因为在拜访魏尔斯特拉斯之前，她先去拜访了一直独身的化学家本生。本生顽固又守旧，他多年前就声明不允许任何妇女，特别是俄国妇女跟随他学习化学，更不允许她们进入实验室，对他而言，让女人进入实验室简直有辱男性尊严。索菲娅的一个俄国女性朋友渴望跟随本生在他的实验室里研究化学，却被无情地赶了出来。朋友想让索菲娅试试看能不能凭借她过人的容姿说服本生。于是，索菲娅前去拜访了本生，这次她没戴帽子，所以本生一下子就被她那双会说话的眼睛迷住了，同意接受她朋友在实验室里当学生。索菲娅离开后，本生才意识到自己答应了什么。为此，本生还跟魏尔斯特拉斯抱怨说："就这样，那个女人使我食言了。"随后，他还告诉魏尔斯特拉斯说索菲娅是"一个危险的女人"。但他不知道的是，此时魏尔斯特拉斯已经为索菲娅进行私人授课 2 年多了。

总之，索菲娅第一次拜访魏尔斯特拉斯就给他留下了良好的印象，这并不仅限于容貌。毕竟，魏尔斯特拉斯终身不婚，并非由于他对女人有什么偏见，他只是单纯对婚姻失去了信心。而魏尔斯特拉斯曾经得到过老师古德曼不遗余力的帮助，这让他非常清楚一个天才学生如果遇到一个尽职尽责的老师有多重要。所以，在察觉到索菲娅是个学数学的好苗子后，他立即写信给柯尼希斯贝格尔，询问索菲娅的数学才能，并问对方能否为索菲娅的品格提供担保。收到肯定的回答后，魏尔斯特拉斯高兴地为索菲娅向大学评议会申请听课资格，结果被粗暴地拒绝了。魏尔斯特拉斯只好利用自己的业余时间，每周日下午在自己的住处给索菲娅讲课，每周还会回访索菲娅一次，以便检查她的学习情况。

索菲娅的学习能力很强，连魏尔斯特拉斯都觉得不可思议。这种私人授课从 1870 年一直持续到 1874 年，其间只有假期或生病才偶尔中断一下。

此后，索菲娅离开了柏林。师徒二人只能通过信件往来沟通。1891 年索菲娅去世后，魏尔斯特拉斯将自己保存的跟爱徒的所有信件付之一炬，一同烧掉的还有一些数学论文。

索菲娅或许拥有极高的智商，但她在管理收纳东西方面毫无条理可言，她的遗物都是杂乱无章或者支离破碎的，没什么有价值的书信被保存下来。

魏尔斯特拉斯则将信件保管得井井有条，但对待数学手稿却轻率得很。他经常将自己未发表的手稿借给学生们。有人肆无忌惮地改写老师的手稿，然后写上自己的名字发表。魏尔斯特拉斯在写给索菲娅的信中曾抱怨这种做法令人不能容忍，他倒不是懊恼自己的思想被剽窃，而是痛心自己的想法在无能之辈手上被涂改得面目全非，完全背离了自己思想的初衷，这种做法只会给数学带来灾难。

索菲娅当然不会干这种事，但是魏尔斯特拉斯把他非常看重的一篇尚未发表的著作寄给索菲娅后，她不小心给弄丢了。

为了弥补这个过失，索菲娅极力劝说老师对于自己未发表的其他著作谨慎一些。于是，魏尔斯特拉斯在外出旅行时，随身带上了一个白色的大木箱子，里面放着自己的工作笔记和尚未完成的论文文稿。按照他的工作习惯，他总是把一个理论反复修改很多遍，直到观点前后一致、非常透彻后才会署名发表，这导致他发表著作的速度非常慢。结果，1880 年，魏尔斯特拉斯在一次度假旅行中，把这个箱子弄丢了，里面有他粗略写出的几篇研究计划。

1874 年，索菲娅因为提出了偏微分方程的柯西 – 柯瓦列夫斯卡娅定理等三篇论文而获得了格丁根大学授予的博士学位，她成了世界数学史上第一位女数学博士。

在做出这些成就后，索菲娅感到筋疲力尽，她休息的方式是一头扎进圣彼得堡的社交活动中。魏尔斯特拉斯则回到柏林，满欧洲地周旋，想方设法要为心爱的学生谋到一个与她的才能相匹配的研究职位。事实证明，欧洲保守而狭隘，他的努力统统白费了。

1875 年 10 月，索菲娅的父亲去世了。这件事对索菲娅造成了沉重的打击，她有 3 年时间完全从魏尔斯特拉斯的生活中消失了，不回信，不联系。更糟糕的是，许多学术界的知识分子时常吹捧索菲娅，对她的天才夸赞不已。丧父之痛和突如其来的名声大噪令索菲娅有些不知所措，她也许过于激动和兴奋，也许品尝到了名声的好处，总之无论魏尔斯特拉斯怎么给她写信，她一封不回。

与此同时，索菲娅的家庭生活非常幸福，她跟丈夫相亲相爱，于 1878 年 10 月生下了女儿“福菲”。女儿的出生，令这位频繁出入社交场合、差点迷失在灯红酒绿中的数学女天才平静了下来。她想起了自己热爱的数学，便给魏尔斯特拉斯写信，希望老师在学术研究上能给自己提供一些建议。尽管学生曾经冷落过自己，魏尔斯特拉斯仍不遗余力地给了她帮助。

1880 年 10 月，索菲娅打点行装离开莫斯科，前往柏林。一方面，跟魏尔斯特拉斯的通信唤起了她对数学的渴望，她终于意识到自己是个天生的数学家，她再也不能离开数学了；另一方面，索菲娅和丈夫或许能够过着很好的世俗生活，可一旦涉及数学，丈夫就变得完全没办法理解她。索菲娅希望老师能对自己的前途给予更加清晰的指示。

魏尔斯特拉斯没有让她失望，他们花了一整天的时间对未来进行了梳理。3 个月后，索菲娅回到莫斯科，她疯狂地投身于数学研究事业，以至于那些曾经与她一起沉迷于社交的朋友几乎认不出她来了。在魏尔斯特拉斯的建议下，索菲娅开始研究光在某种结晶介质中的传播问题。

1883 年 3 月，索菲娅的丈夫猝然离世。当时她正在巴黎，而丈夫在莫斯科。这件事对她是个不小的打击，也许丈夫不能理解她在数学上的成就，但两人一起生活多年，感情非常好。继父亲之后，另一个亲人也离世了，这令索菲娅难以承受。整整 4 天，她把自己关在房间里，不吃不喝，直到第 5 天身体承受不住，她晕了过去。清醒后，索菲娅要来纸和笔，在上面写满了数学公式。数学给了她重生的机会。

从那以后，索菲娅全身心投入了数学世界中。在米塔－列夫勒的努力下，柯瓦列夫斯基夫人在 1884 年秋天，获得了斯德哥尔摩大学终身教授的职位，她可以在那里授课。不过，很快意大利数学家沃尔泰拉指出，索菲娅关于光在结晶介质中的折射的工作中有一处严重错误，这对一帆风顺的索菲娅无疑是次难堪的挫折。而帮她审稿的老师魏尔斯特拉斯竟没有看出这个失误。他太忙了，数不清的公务淹没了他，而且他快 70 岁了，身体饱受病痛的折磨，精力大不如前。魏尔斯特拉斯在垂暮之年最快乐的事，就是看着心爱的学生索菲娅终于得到了全世界的认可。

1888 年圣诞节前夕，索菲娅凭借论文《论一个固体绕一个定点旋转》获得了法兰西科学院的博尔丹奖，她是第一位获得此等荣誉的女性。

这固然是索菲娅不懈努力换来的硕果，不过也多少要感谢大奖赛的规定。按照规定，论文是不记名提交的，作者的名字被放在一个密封的信封里，信封外面印有同论文封面上一模一样的警句。当参加比赛的著作获奖时，才会把对应警句的那个信封打开，宣布获奖者的名字。这样就避免了那些嫉妒索菲娅才华的男人以各种借口影响比赛的公正性。由于索菲娅的论文做出了特殊成就，评委们决定把奖金从原来的 3000 法郎提高到 5000 法郎。虽然用金钱无法衡量索菲娅的成就，但这个决定确实是对她努力付出的肯定。

为此，魏尔斯特拉斯欣喜若狂。他在信中写道：“我无法告诉你，你取得的成就令我有多么高兴。我感到一种真正的满足……”

遗憾的是，1891年2月10日，年仅41岁的索菲娅在斯德哥尔摩感染了当时盛行的流感，很快便离世了。而魏尔斯特拉斯在6年后去世。

6

布尔

George Boole

纯数学是布尔在一部他称之为《思维规律研究》的著作中发现的。

——伯特兰·罗素

Ia.
IIIa.
IVa.

“噢，我们从来不读英国数学家做的任何东西。”

19 世纪，如果你去询问一位杰出的欧洲数学家，是否听说过第一流的英国数学家从事的最新工作，他会用这句典型的欧洲大陆话来做回答，那种优越感彰显了对英国这个岛国的排斥。不过，通过这句话也不难看出英国数学家的特点——具有岛国的独创性，而这个特点又一直被英国学派所标榜。

事实上，英国数学家常常安静地走他们自己的路，做他们自己感兴趣的工作。英国学派长期盲目崇拜牛顿的数学、物理理论，无视当时学术界的主要潮流，让他们在某种程度上与世界学术界有些脱节，但也让他们有足够的空间为数学增添更多独创性的新领域。而这些是欧洲大陆那些只会模仿而缺乏独创性的学者永远都做不到的。

这其中极为鲜明的例子之一就是发明了布尔代数和不变量的乔治·布尔。他的工作成果刚公布时，除了英国几个同行能看出这才是数学最高意义的萌芽，绝大多数欧洲数学家都否认它是数学。今天，布尔创造的领域正在迅速成为纯数学的一个主要分支，我们如今能够坐在电脑前用键盘快速打字，程序员能够编写出各种各样的计算机程序，最基础的正是布尔代码。

犹如伯特兰·罗素说过的，纯数学是布尔在他的《思维规律研究》一书中发现的。这种说法可能多少有些夸大，但它也表明了数学逻辑在今天的重要性。在布尔之前，莱布尼茨和德·摩根都努力过，想要把逻辑加进代数的领域，他们没能成功，布尔却做到了。

反抗“下等阶级”的命运

1815 年 11 月 2 日，布尔出生在英格兰的林肯。与大多数数学大师不同，布尔的家庭一直处于经济地位最低的社会阶层。他的父亲是一个小店主，属于“下等阶级”，仅比没有人身自由的女仆和贫困的农民的地位略高一点。在“上等阶级”眼里，像布尔这样的孩子，就应该毕恭毕敬地熟读教会编写的简易版教义问答手册，心甘情愿地听从命运的安排。

当时的学校是为贵族设立的，为的是使他们能成为工厂、矿山和家族生意的合格管理者。布尔没有资格进入这样的学校，他只能进入所谓的“国立学校”。这种学校不以培养开创性人才为己任，而是希望这些所谓的底层出身的孩子不要闹事，成为听话、遵守规矩的“顺民”就好。

布尔偏偏不肯“屈就”于上帝给他安排的地位。他想学习拉丁文和希腊文，因为在当时的社会环境下，会说拉丁文和希腊文就是上层贵族阶层的标志，天真的布尔认为只要他学会拉丁文和希腊文，就能帮助家里摆脱贫穷的命运。然而，这两者之间并没有什么关系。可是，布尔笃定地认为这是能让自己出人头地的机会。他的父亲作为一个贫穷不堪的小商贩，自然知道自己一生都摆脱不了贫困和阶级封锁，但他仍想尽一切办法帮儿子寻找向上晋升的通道。

布尔所在的学校自然不会教授拉丁文，布尔的父亲也不懂这门语言。好在父亲有个朋友是个小书商，能为布尔寻找一些拉丁文的入门读物。剩下的只能靠 8 岁的小布尔自学完成了。

我们不难发现，数学家们都有极强的语言天赋，高斯差一点就去学习古典文学了，其他人则在表现出数学天赋之前就展露了极高的古典文学天赋。布尔也不例外。他凭借卓越的天资和勤劳努力的付出，12 岁时就能将贺拉斯的拉丁文诗翻译成英文了。不过，这是布尔第一次做翻译，他不太了解翻译的一些技巧，所以诗篇在报纸上发表后，引发了一场争论，有人指出布尔在翻译上犯下的错误，有人不相信这出自一个 12 岁“下等阶级”孩子的手笔。实际上，12 岁的孩子知道的往往比那些大人还要多。技巧上的缺陷让布尔感到丢脸，他下定决心弥补自学的不足，又用了两年时间，继续在没有人指导、帮助的情况下苦学拉丁文和希腊文。所有努力的结果就是，布尔无论在散文还是论著写作方面，都拥有了极高的拉丁文文学功底。

布尔的数学天赋觉醒得较晚，他早期的数学教育来自父亲。通过自学，父亲这个底层的小商贩获得了比他原本受到的教育多得多的知识，同时他试图让儿子继承他的兴趣——制作光学仪器。布尔虽然遗传了父亲的自学能力，却执意认为古典文学可以让他摆脱底层生活的命运，没有往数学和光学方面发展。

在接受完普通教育后，布尔又学习了一些商业课程。都说“穷人的孩子早当家”，16岁的布尔必须担起赡养父母的重任。当时的英国没有养老福利制度，尤其是底层的人，老了或病了之后只能靠自己身体健壮时攒下的积蓄，或者依靠家人。为此，布尔在两所学校同时找到了助教的职位，被称为“助理教员”。然而，就算是这样一份收入稳定的工作，也因为布尔所在的阶级而变得有所不同。要知道，学校里的教师领的是年薪，布尔收到的却是工资。两者之间不仅是收入多少的差别，更是对不可逾越的阶级的严格划分。

布尔在“助理教员”的岗位上工作了4年。即便同时打两份工，布尔微薄的薪资也仅能勉强赡养父母和维持自己最低的生活需求，他没有任何多余的便士能挪作他用。白天教书，漫漫长夜则属于布尔自己，谁也不知道他是怎么度过那一个又一个贫苦、寒冷的夜晚的，但他所有的心思都集中在如何找到“上等阶级”的体面职业上。他想进入军队，可是他没有足够的钱去买委任状。他想当律师，可是律师这个职业在财产和接受教育方面都有明确的要求，布尔无法满足那些条件。当教师吗？他现在几乎已经碰触到教师这个行业所能达到的天花板了，职业前途毫无希望。那么，还有什么呢？现在只剩下进入教会，当一名教士了。

不过，布尔的幽默感太丰富了，无论是拥护上帝还是反对上帝的话，他说出来都让人觉得充满讽刺意味。尤其是他的家庭遭遇过一次贫穷危机，父母决定规劝儿子放弃成为一名教士。布尔听从了父母的意见，但这并不表示他这些年的努力都白白浪费了。现在，布尔精通了法语、德语、意大利语，还有拉丁文和希腊文，这些都为他即将踏上属于自己的真正的道路提供了不可或缺的帮助。

幸运降临

20 岁时，布尔决定开办一所私人授课学校。受父亲影响，他打算教授数学。为了应对课程和学生，布尔开始正式学习数学，并对这门学科产生了浓厚的兴趣。这时，布尔发现平日里学校常用的那些教科书平庸又令人讨厌，他难以相信教科书里写的竟然是数学。于是，他开始向数学大师们学习，凭着仅受过的初等数学训练，这个孤独的年轻人在没有任何人帮助的情况下，读懂了拉普拉斯的《天体力学》和拉格朗日的《分析力学》。

要知道《天体力学》艰涩深奥，拉普拉斯习惯性地通过“显而易见”四个字得出结论，轻易地对具体的数学推理过程一笔省略；《分析力学》则非常抽象，整本著作从头到尾连一个用来说明分析的图解都没有。尽管如此，布尔对这两本著作都有了透彻的领悟。依靠自学，布尔找到了真正属于自己的道路，做出了他对数学的第一个贡献：一篇关于变分法的论文。

布尔从他这段孤独的研究中取得了另一项成就：发现了不变量。尽管就算没有他的发现，凯莱和西尔维斯特也会将这项理论完整地呈现在世人面前，但布尔的伟大之处在于，他另外发现了一些被人忽视的东西。这些东西原本应该由拉格朗日很容易地看到，如今却让布尔如同发现一颗上等水色的宝石那般，轻易俯身拾取。这项发现跟代数有关，布尔生来对代数关系的对称美有着强烈的感知。

按照布尔所处时代的常识，一个普通人，没有任何背景，也不是学数学专业的，想要让别人知道或认可自己的研究，是一件几乎不可能的事。只要看看阿贝尔和伽罗瓦的遭遇就知道了：年轻、毫无背景、没有进入欧洲数学家的圈子，这些因素都让他们生前的研究没有得到相应的重视，哪怕他们做出的贡献非常伟大，足以为现在和未来的数学发展铺就道路。

幸运的是，布尔遇到了一个识才的数学编辑。1837 年，在苏格兰数学家格雷戈里的主持下，《剑桥数学》杂志诞生了。布尔向这本刊物投递了一篇自己的著作，其独创性的风格给格雷戈里留下了很好的印象。他立即向布尔寄去了一封热情真诚的信，开启了两人持续一生的友谊。布尔也获得了一个对外发布数学研究成果的渠道。

接下来，另一个对布尔来说十分重要的人出现了，他就是德·摩根。1828 年，德·摩根在伦敦大学担任数学教授。1838 年，他提出以“数学归纳法”的概念描述以往数学家们使用的证明定理的方法。1842 年，他发表了《微积分演算》一文，详尽讨论微积分基本原理和极限定义，并讨论了无穷序列及确定序列收敛的新规则。1847 年，他写出了著名的逻辑著作《形式逻辑》。他在逻辑史上首先提出了“论域”的概念，第一次明确用公式表达合取和析取的关系，现代逻辑称之为“德·摩根定律”。他还最先提出了关于“大多数”的推理，例如，“在特定的一群人中，大多数人有大衣，大多数人有马甲，所以有的人既有大衣又有马甲”等等。他对逻辑的最主要的贡献在于开拓了形式逻辑的新领域，建立了关系逻辑，有的学者称他为“关系逻辑之父”。他对关系的种类和性质做了研究，并使用了他自己创造的一些符号。由于开创了数学新格局，德·摩根曾遭到苏格兰哲学家威廉·哈密顿爵士的猛烈抨击。需要注意的是，这个哈密顿跟之前讲过的爱尔兰数学家哈密顿不是同一个人。哲学家哈密顿竟然大言不惭地指责德·摩根剽窃了布尔的思想，这纯属无稽之谈，要知道是德·摩根在逻辑学方面为布尔开了个好头。

1848 年，布尔虽然仍在小学教书，但他已经和许多一流的英国数学家建立了私交和通信关系，同时成了德·摩根的敬慕者，两人建立了密切的友谊。为了追随自己倾慕的人，布尔在 1848 年出版了一本薄薄的小册子——《逻辑的数学分析》，这是他第一次公开发表自己在这一广阔领域的工作成果。而这本小册子激起了德·摩根的热烈赞扬，承认布尔配得上“数学大师”的称号。

面对布尔的成就，很多朋友劝他去剑桥接受正统的数学教育，布尔很不情愿地拒绝了这个提议，因为他必须留在小学，从事那些单调乏味的工作，以赚得足够的薪水供养双亲。好在 1849 年，爱尔兰新成立了一所女王学院，聘请布尔去担任数学教授。这份工作对布尔无疑是雪中送炭，既让他摆脱了经济上的焦虑，又使他从枯燥无趣的工作中解脱出来，成为一个真正可以自由从事数学研究的学者。

符号逻辑

数学教授的工作其实也非常繁重，但跟在小学教书比起来简直轻松又愉快。这时，布尔做出了一生中最重要的贡献，创立了一套符号逻辑。1854 年，他发表了《对于奠定逻辑和概率的数学理论基础的思维规律的研究》。当时他已经 39 岁了，对一个数学家来说已经过了最具创造性的年龄，但布尔恰恰保持了这种创造性。

布尔的研究开启了一个争论，即“代数”和“数”的区别。代数的现代概念起源于英国的“改革者们”：皮科克、赫歇尔、德·摩根、巴贝奇、格雷戈里和布尔。皮科克在 1830 年发表了他的《代数论文》，当时这篇著作是被视为有些异端的新奇东西，因为它抛弃了初等代数的常识，比如在 $x+y=y+x$、$xy=yx$、$x(y+z)=xy+xz$ 等关系中，x、y、z 必然“代表数”这一习惯性思维。根据皮科克的理论，x、y、z 并不必然代表数，它们仅仅是按照一些运算结合在一起的任意符号，一个运算用 + 表示，另一个用 × 表示，或者干脆简单地将 $x \times y$ 记作 xy。

这个发现赋予了代数及其应用力量的源泉。如果不了解代数本身只是一个抽象系统，那么代数可能仍然牢固地停留在 18 世纪的算术泥沼中，而不能发展成更为有用的现代代数。

代数的革新给布尔提供了机会，他独创性地指出：把数学运算的符号与它们据以运算的东西分开，并着手为这些运算去研究它们本身。比如，它们该如何结合？它们是否受某种符号代数的支配？为此，布尔奠定了逻辑代数的基础。比如 $x^2=x$，如果在普通代数中，$x=0$ 或 $x=1$。然而，在逻辑代数中，$x^2=x$ 可以解释成一个类 x 及其本身所共有的那些东西的全体的类，只能是类 x。简单来讲，在普通代数中，每一个数等于它自身的平方显然是不成立的，只能是那几个特定的数符合这个规则，但在逻辑代数中，这是成立的。

基于这个理论，布尔奠定了未来计算机语言的基础，比如 and（和）、or（或）、not（非）和 if（如果）等计算机语言，都是布尔创立的。

下面摘录几段布尔著作中的内容，以便对其风格及其工作领域有更深刻的了解：

“下面这篇论文的目的，是研究那些根据推理进行心算的基本规律。这种规律需要用微积分学语言来表达，在此基础上建立逻辑科学和构造的方法，并使这个方法成为应用于概率数学原理的一般方法的基础。最后，在这些探索过程中，发现真理……

“确实存在某些建立在语言本身特点上的一般原则，以此作为科学语言要素符号的用途。在一定程度上，这些要素是任意的。它们的解释纯粹是常规的：我们可以随意应用它们。但是，这个许可受到两个必不可少的条件的限制：第一，一旦这个意义建立起来了，我们在推理的同一过程中，决不能背离它；第二，指导过程的法则应该完全建立在所用符号的固定意义上。与这些原则一致，在逻辑的符号法则和代数的符号法则之间建立起来的一致性，都只能得出过程一致的结果。解释的这两个领域仍然是分开的和独立的，每一个领域都服从于它自己的法则和条件。”

自布尔的符号逻辑学开创以来，他的伟大发现已经被修改、推广和扩展了很多。今天，理解数学的本质，以及在数学这个巨大的建筑之上添加任何内容的尝试，符号或数学的逻辑都是不可缺少的。布尔为他的逻辑代数建立了最基础的公设，也就是将其理论化，正如欧几里得在 2000 多年前所做的那样，这些公设也成了计算机逻辑语言的基础框架。

几乎和所有新奇的事物一样，布尔的符号逻辑在发明之后的许多年里都没有引起人们的重视。直到 1910 年，许多数学家们还轻蔑地称它为“没有数学意义的、哲学上稀奇古怪”的东西。

为了让更多数学家重视布尔的研究，怀特海和罗素在《数学原理》中的首要工作，就是使专业数学家们相信，符号逻辑是值得他们认真注意的。

1855 年，布尔在他的著作出版后一年，与玛丽・埃弗雷斯特结婚了。她是女王学院一位希腊文教授的侄女，他的妻子成了他忠实的学生。在丈夫去世后，玛丽・布尔从丈夫那里得到了一些启发，使儿童教育合理化且变得仁慈博爱。玛丽・布尔写了一本小册子叫《布尔的心理学》，里面记述了布尔的一个有趣思考。布尔告诉妻子，他在 17 岁步行穿过一片田野时，“突然有了一个神奇的想法”。这让他意识到，人们除了从直接观察中得到知识，还能以某种不确定、不可见的方式获取知识。玛丽・布尔称之为“无意识的”源泉。这与庞加莱关于数学“灵感”起源于“潜意识”的看法有异曲同工之妙。

布尔于 1864 年 12 月 8 日去世，终年 49 岁。实际上，他完全可以避免死亡。他坚持在滂沱大雨中完成了预定的演讲，但这场大雨让他全身都淋透了，他患上了急性肺炎。值得庆幸的是，布尔此时已经做出了自己伟大的工作，并且受人尊敬。

这个曾经被阶级所困、努力挣扎反抗命运的人，终于得偿所愿。

7
埃尔米特
Charles Hermite

与埃尔米特先生谈话会发现，他从不唤起具体的形象，然而你很快就发觉，最抽象的本质对他来说也像活着的生物一样。

——亨利·庞加莱

$1+\frac{1}{1!}+\frac{1}{2!}+\frac{1}{3!}+\frac{1}{4!}+\cdots\cdots$

那些未解决的问题需要用新的方法去求解，而新方法又引起有待解决的新问题。解决问题的方法又引出了新问题，这看起来像一个无解的循环。但是正如庞加莱所说，解决问题的是人，而不是方法。

我们来举例说明一下。数学中引出新方法的那些老问题里，最典型的是运动学，以及与它相关的力学、地球等天体所包含的一切理论与知识，为了解决这些问题，微积分学及其相关分支学科建立起来了；新方法带出新问题的例子，是张量微积分学在几何学中引起的一系列问题，这些问题最终因张量微积分学在相对论中的成功应用而得以解决。解决这个问题的是爱因斯坦，而不是张量的方法。

以上几个问题的奠基者则是 19 世纪第一流的法国数学家夏尔·埃尔米特。他能将创造性的才能和把前人工作的精华融会贯通的能力合二为一，而 19 世纪中叶需要的正是将以下三种理论协调在一起：高斯的算术创造与阿贝尔、雅可比在椭圆函数中的发现，雅可比在阿贝尔函数上的卓越进展，英国数学家布尔、凯莱、西尔维斯特发展的代数不变量理论。

差点成为第二个伽罗瓦

夏尔·埃尔米特于 1822 年 12 月 24 日出生在法国洛林的迪约兹。他或许是最幸运的数学家，至少从他的命运来看是如此。由于法国大革命，埃尔米特差点无法出生。他的祖父和祖父的兄弟们都死在了法国大革命的断头台上，他的父亲因为过于年幼而幸免于难。想象一下，如果埃尔米特的父亲再年长几岁，也许就跟随长辈们一起被砍头了，这位伟大的数学家也就不会出生了。

埃尔米特的数学能力有一部分来自父亲那方。他的父亲学过一段时间的工程，又在制盐业混迹了一段时间，不过这些事都让老埃尔米特觉得没什么意思。随后，他又选择了当布商，并且娶了他雇主的女儿马德莱娜·拉勒芒。也许是成家后，男人就会安定下来，总之老埃尔米特没有再更换职业。马德莱娜是个有能力、有魄力的女人，她掌管家中里里外外的大权，无论是布店经营，还是一家人的吃喝拉撒，都在她的管理下井井有条。夫妻两人一共生育了 7 个孩子——5 个儿子和 2 个女儿，夏尔是他们的第 6 个孩子。

夏尔出生时右腿就有残疾，只能终生依靠拐杖行走。不过，这也让他因祸得福，避开了从事任何跟军队有关的职业。残疾也从未影响他温和如一的性格。

埃尔米特的启蒙教育由父母亲自完成。由于家里的生意越做越大，6 岁的埃尔米特跟随家人从迪约兹迁居南锡。繁忙的家族生意让父母没有时间继续亲自教导他，他便被送到了南锡公立中学去做一名寄宿生。可是这所学校有点糟糕，加上家里越来越有钱，父母觉得儿子应该接受最好的教育，就把他送到了巴黎。1840 年，18 岁的埃尔米特进入了路易大帝皇家学院，与伽罗瓦成了“校友”，而他也跟伽罗瓦一样，要在这里为进入综合理工大学做准备。

在路易大帝皇家学院，埃尔米特和伽罗瓦有些经历很相似。比如他同样不喜欢修辞学，对教授的大多数初等学科都没有兴趣，考试时会受到主考官的刁难，他的能力从而不能被公正地评价。不过，埃尔米特要比伽罗瓦略微幸运一些。他被物理课上的精彩知识深深迷住了，从而缓解了与教师们的紧张关系，那些教授修辞学和古典文学的教师也没有太为难他，让他顺利学到了自己想学的知识。

曾经教授伽罗瓦的路易 - 保罗 - 埃米尔・里夏尔教授此时仍在路易大帝皇家学院。15 年前他没能拯救伽罗瓦，如今他吸取了之前的教训，在遇到跟伽罗瓦同样具有天赋的埃尔米特时，充分运用自己的外交手腕，让埃尔米特避免了被愚蠢的主考人踢出考试。

与此同时，埃尔米特追随着伽罗瓦的足迹，在圣热讷维耶沃图书馆按照自己的兴趣自由阅读。他阅读了拉格朗日关于数学方程求解的论文，自己攒钱买了高斯的《算术研究》法文译本，并且独立掌握了这两本书的全部内容。要知道，只有极少数的人能掌握高斯的《算术研究》。埃尔米特后来总是喜欢说："正是从这两本书中，我学会了代数。"

埃尔米特还阅读了欧拉和拉普拉斯的著作。尽管已经读了许多大师的著作，但埃尔米特的考试成绩勉强算得上中等。里夏尔目睹了伽罗瓦的悲剧，但他依然劝说埃尔米特积极备考综合理工大学的入学考试，并对埃尔米特的父亲说"夏尔是一个年轻的拉格朗日"。也许，这是里夏尔知道的唯一能让天才少年们继续从事数学研究的渠道了吧。

埃尔米特在数学上的第一项惊人壮举是在高中时期完成的。他写了两篇文章，第一篇是关于圆锥曲线解析几何的一个简单练习，它没有显示出什么独创性；第二篇是《对五次方程代数解的探讨》，这篇仅有 6 页半的文章却彰显出了独特的魅力。这两篇文章都发表在 1842 年创办的面向高等学校学生的《新数学年报》杂志上。在此，我们引述一段《对五次方程代数解的探讨》的内容：

"大家知道，拉格朗日使一般五次方程的代数解依赖确定一个特殊的六次方程的根，他称这个六次方程为'简化方程'（今天称之为预解方程）……因此，如果这个简化方程可以分解成二次或三次的有理因子，我们就会得到五次方程的解。我将试着说明这样的一个分解是不可能的。"

通过上述内容，可以看出埃尔米特在尝试做一些代数学家的研究工作，而他也的确成功了。

有一个奇怪的现象是：像埃尔米特这种可以表明自己具备真正的数学推理才干的年轻人，竟然在学习初等数学时是相当困难的。其实，这很好解释，那些想要在数学上进行创造性工作的年轻人，只要能够领悟 19 世纪以来发展起来的、至今仍能为数学家们提供灵感和有用工具的那部分数学内容就可以了，不必掌握数学漫长的历史中出现的所有经典内容。

比如，想要弄懂现代几何的人，无须再去学习掌握希腊人对圆锥曲线的集合处理；爱好代数或算术的人，也根本无须学习任何几何知识。再举一个例子，画法几何对于制图工程师们有很大用处，但是对从事理论研究工作的数学家一点用处也没有。

对于一些在数学上活跃着的，却又难度很大的科目，比如有限群理论、无穷的数学理论、概率理论的一部分和高等算术等，只需要让学校浅尝辄止地教授一下即可，对于要报考技术类学校的学生，没有太大必要学那么多。而真正能够领悟这些内容的学生，会比较轻松地接受这些知识。这就解释了为什么埃尔米特在数学创造性问题上能够崭露头角，在考试时却只能侥幸通过。

1842 年下半年，20 岁的埃尔米特通过了综合理工大学的入学考试，但他的成绩仅排到第 68 名。

为工作而考试

好不容易才进入综合理工大学，埃尔米特只就读了一年。这回阻碍他的不是头脑或者过于活跃的创造性思维，而是他的跛脚。根据官方决定，跛脚的人不能担任学校中任何为学生提供的职位。

不过，这一年并没有白费。埃尔米特丢弃了令他厌恶的画法几何，把时间都用在了阿贝尔函数上。这个课题是当时令欧洲数学大师们感兴趣，也非常重要的题目。埃尔米特还结识了《纯粹数学和应用数学杂志》的编辑刘维尔，他也是位出色的数学家。

苏格兰物理学家威廉·汤姆孙，即开尔文勋爵，曾经通过刘维尔给“数学家”下了一个定义。有一次，开尔文勋爵问班上的学生：“你们知道数学家是什么样的人吗？”

说完，他走到黑板前，写下了一个公式：

$$\int_{-\infty}^{+\infty} e^{-x^2} dx = \sqrt{\pi}$$

然后他用手指着写下的式子，转身对学生们说：“数学家就是理解这个式子如同普通人理解二加二等于四的人。刘维尔就是这样一个数学家。”

刘维尔不仅自己是一个数学家，还懂得辨别数学天才，所以看到埃尔米特的文章时，他就知道这个年轻人非常了不起。他估计雅可比会对在数学研究上刚起步的埃尔米特有所帮助，便建议埃尔米特给雅可比写信。

1843 年 1 月，埃尔米特给雅可比写了第一封信：“学习您关于从阿贝尔函数理论中产生的四重周期函数论文，使我得出了一个定理，它是关于函数变量分离的，类似您由阿贝尔探讨方程根得出的最简表示式的定理。刘维尔先生介绍我写信给您，希望您能对我有所指导……”

雅可比也热情地给他写了回信：“如果你的一些发现与我过去的工作恰好重合，先生，不要因此止步不前。你必须在我停止的地方开始，那我们必然少不了接触和沟通。如果能跟你通信，那将是我的荣誉。”

就这样，埃尔米特开始跟雅可比一起探讨阿贝尔的四重周期函数，一头扎进了数学世界。

埃尔米特的残疾让他失去了在综合理工大学工作的机会，于是他把职业生涯的希望寄托在了教师上，这种职位既可以用来谋生，又能让自己继续研究热爱的数学。其实，以埃尔米特的能力，足以胜任教师的职位，可他还是必须按照世俗的规则、制度一步步完成考试。

获得教师资格证书的那次考试，埃尔米特又十分侥幸地勉强通过了。因为当时监考的主考人是斯图谟和贝特朗，他们两人都是优秀的数学家，所以一眼就认出埃尔米特是他们的同行，否则以埃尔米特的考试能力，他基本上是无法通过的。1848 年，埃尔米特与贝特朗的妹妹路易斯结婚了。

具有讽刺意味的是，埃尔米特第一次在学术上有所成就，是被综合理工大学委任入学考试委员，几个月后他又被任命为主考人，当年最不会考试的学生，成了监考人。而为了这个职位，埃尔米特浪费了 5 年最具创造力的时光。

热爱数学

不过，埃尔米特很快就实现了自己的愿望，过上了风平浪静的数学研究生活。1848 年到 1850 年，他受聘于法兰西学院；6

年后，34 岁的埃尔米特被选为科学院院士；1869 年，他被任命为巴黎高等师范学校的教授；一年后，他成为巴黎大学的教授，并在这个职位上待到退休。

埃尔米特此时已经熟知了雅可比关于椭圆函数和超椭圆函数的工作，他把上述两个领域结合起来，表现出了高度的数学才能，确定了他在数学界的地位。埃尔米特在这期间的主要数学工作，表述在他给雅可比的 6 封信（1843 至 1850 年间）中，雅可比把这些信的摘要刊登在《克列尔杂志》上，并收入自己的著作中，也收于狄利克雷后来编辑的《雅可比著作》第 2 卷中。

在担任教授期间，埃尔米特训练了整整一代卓越的法国数学家，这里面有埃米尔・皮卡、加斯东・达布、保罗・阿佩尔、埃米尔・鲍莱尔、保罗・潘勒韦，以及庞加莱。而他的影响早已不局限在法国，他的经典著作帮助和指引了整个世界的同时代人。

埃尔米特工作的一个显著特点就是温和。天生的残疾也许让他比常人遭受了更多的歧视与冷遇，但他的性格并没有因此扭曲，反而更加慷慨大度。他与欧洲各地的数学工作者建立了大量的科学通信，他写信的语气总是温和的，充满了鼓励和欣赏。19 世纪后半期的许多数学家，都乐意将自己的成功归于埃尔米特率先铺就的道路。

埃尔米特在数学上的另一项伟大贡献在于代数数。那么什么是代数数呢？简单来讲，就是代数与数论的结合。实数的代数方程有些复杂，也不太容易理解，在此就举几个简单的例子。比如所有有理数都是代数，而且是一次代数数，因为所有有理数都满足方程 $nx-m=0$（m、n 为整数，$n \neq 0$）。而$\sqrt{2}$这个无理数是二次代数数，因为它满足最低代数方程 $x^2-2=0$；$\sqrt[3]{2}$ 则是一个三次代数数，因为它满足最低代数方程 $x^3-2=0$。这个可以和尺规作图发生关系，简单来讲就是给定单位长度，只通过有限次的加减乘除与开平方运算做出某些特殊长度的数，即我们刚定义的尺规可做的数。当然，这里的尺规是直尺，而且是没有刻度的。数学家们发现，尺规可做的无理数只包括全部二次代数数和 2k 次代数数，除此之外的无理数都不能通过尺规做出。像 $\sqrt[3]{2}$ 这样的三次代数数，就不能用尺规做出来。

埃尔米特在数学上的另一个巨大贡献，则是证明了自然底数 e 是一个超越数。那什么是超越数呢？代数数之外的实数都被称为超越数。随后，埃尔米特和很多数学家都开始用类似的方法来证明 π 也是一个超越数，但都没有成功。经过一番艰难的尝试后，埃尔米特宣布了自己的结论："我可以不再冒险去尝试证明 π 的超越性。假如别人打算这么干，我会比其他任何人更高兴看到他们取得成功。但是，相信我，取得成功不是轻而易举的事。"

不过，1882 年，这个难题在德国数学家林德曼那里被解开了。他证明了 π 是超越数，因此他被称为"π 的战胜者"。这也证明了"化圆为方"是不可能的。

在对待数的态度上，埃尔米特有几分毕达哥拉斯和笛卡儿那种传统的神秘主义，在其他问题上，温和的埃尔米特也呈现出一种神秘主义倾向。43 岁之前，他跟那个时代的许多法国科学界人士一样，是个宽容的不可知论者。可是，1856 年时，埃尔米特突然病倒了，病情迅猛又危险，在身体极度衰弱的情况下，宗教很容易成为依靠，加上科学界的传教士——柯西的积极努力，埃尔米特终于皈依罗马天主教，并对天主教的宗教仪式感到非常满意。其实，埃尔米特的神秘主义没什么害处，它可以理解为对世界的一种哲学观点，埃尔米特相信：数，是一个超越人类控制的存在。

在此，我们举一个例子来说明埃尔米特对他的哲学观点的印证。高斯为了给二次互反律以最简单的表述，便把复整数（形式为 a+bi 的数，其中 a、b 是有理整数，i 表示$\sqrt{-1}$）引入了高等算术。然后狄利克雷和高斯的追随者们讨论了这样一些二次型，其中作为变量和系数出现的有理整数，被高斯的复整数所代替。埃尔米特讨论了这种情形的一般情况，通过发明埃尔米特形式，来研究整数的表示。

埃尔米特形式的诞生，是埃尔米特出于他对什么样的数可以用这些形式来表达的浓厚兴趣，是他对纯数学的至高追求。70 多年后，人们发现埃尔米特形式的代数在物理学，特别是在现代量子理论中是不可缺少的。埃尔米特跟阿基米德一样，几乎不太关心数学对科学的应用，但他瞥见了数在人类控制范围之外的那抹光辉，从而为物理学提供了一项十分有用的工具。

埃尔米特在数学的学术方面贡献巨大，而他对于科学超越国界、不受宗派势力支配愚弄这一理想的坚定执着，或许是他给予文明的更重要的礼物。毫无疑问，埃尔米特深深热爱着他的祖国，但是当普法战争爆发时，他仍能保持冷静的头脑，说：“敌人的数学还是数学。”对埃尔米特而言，知识与智慧从不会受限于某一团体或某一民族，而是人类所共有的。

科学没有国界，科学家却有国界。只要世界上还有战争，还有弱肉强食的欺压，科学家便有责任以科学为武器，去捍卫国家和世界和平。

也正因如此，埃尔米特选择沉默，去埋头研究他的数学。正如他的证明，自然底数 e 是超越的，这个大自然中最神奇的数是超越的，或许就整个宇宙而言都可能是超越的。

1901 年 1 月 14 日，埃尔米特去世了。他始终热爱着这个世界。

8
克罗内克
Leopold Kronecker

最深奥的数学研究的全部结果，最终一定可以表示成整数性质的简单形式。

——利奥波德·克罗内克

Kronecker δ

$$\delta_{ij} = \begin{cases} 1, & i = j \\ 0, & i \neq j \end{cases}$$

克罗内克的一生，从出世那一天起就很舒适。他是个专业的数学家，同时是名金融实业家。他在 30 岁时就已经赚得了足够多的钱，过得比大多数数学家都舒服，然后毫无后顾之忧地投入数学的怀抱。与他相反的例子则是约翰·皮尔庞特·摩根，他是摩根银行的创办人，促成了通用电气公司的合并，组建了美国钢铁公司。摩根在德国上大学时就表现出了非凡的数学才能，他的教授们试着劝说他把数学当作毕生事业去认真钻研，甚至还给他提供了一个德国的大学职位，借助这个职位，摩根会在数学上取得飞速发展。但是，他拒绝了这项建议，把自己的天才都奉献给了金融业，让他的摩根商业帝国成为如今美国华尔街的神经中枢。

克罗内克则为了数学放弃了金融。实际上，他在商业上的经营能力非常强，他还是一个热忱的爱国者。跟许多年轻聪明的犹太人一样，克罗内克起初是一个自由主义者，但当他在金融事业上获取了巨额财富后，他变成了一个坚定不移的保守主义者，并成为德国“铁血宰相”俾斯麦的忠诚支持者。当 1870 年普法战争爆发时，就连普鲁士的军事天才们都不敢说一定能取得这场战争的胜利，克罗内克却坚定地预测普鲁士一定会取得胜利。

更值得赞扬的是，克罗内克一直跟法国第一流的数学家们保持着友好关系，他没有被自己的政治观点蒙蔽头脑，依然对法国同行取得的成就持有正确见解。像克罗内克这样追求实际的人能与数学共命运，其实是件非常不错的事。

丰富多彩的生活

1823 年 12 月 7 日，利奥波德·克罗内克出生于普鲁士利格尼茨的一个富有的犹太家庭。他的父亲拥有一家生意兴旺的商店，并且接受过良好的教育，对哲学有着浓厚的兴趣和追求，他把这种兴趣传给了利奥波德。利奥波德还有一个弟弟，名叫胡戈，弟弟比自己小 17 岁，长大后成了波恩著名的生理学家和教授。父亲很重视对利奥波德的启蒙教育，他请来了私人教师，亲自监督孩子的学习。也许是受父亲影响，利奥波德同样重视对弟弟的教育，甚至把培养胡戈当成了自己最热爱的职责。

在进入大学之前的预备学校阶段，利奥波德又受到校长维尔纳的深刻影响。其中对利奥波德影响最深的，是他从维尔纳那里吸收了一些开明的基督教神学思想。全家都是犹太人，又都信奉犹太教，所以克罗内克出于谨慎，直到 68 岁临终时，发现基督教对他的 6 个孩子没有明显危害，才改信了福音派基督教。

大学预科阶段的另一位教师库默尔也对克罗内克产生了深远

影响，两人亦师亦友，结下了终身友谊。库默尔后来到柏林大学担任教授，成为德国历史上十分具有独创性的数学家之一。老克罗内克、维尔纳和库默尔三人在塑造利奥波德的思想上下足了功夫，他们为他制定了未来的道路，雕琢了他卓越的天赋。

克罗内克很早就显露出了温和的性格。他平易近人，善于跟人友好相处，这种良好的品格伴随了他一生。正是得益于这种性格，他无论在商业还是数学上都能如鱼得水，跟适合的人结下永恒的友谊。克罗内克绝对不是一个唯利是图或者势利的人，也许这就是他顺遂一生里的好运气吧。如果好运气这个解释显得有些敷衍，我们可以这样想：跟没有道德底线的人相比，好运气更青睐善良友爱的人。

克罗内克在学校里的各门功课都非常优秀。他轻松掌握了以希腊语和拉丁语为主的古典文学，并对此保持着终生兴趣；在希伯来语和哲学方面，克罗内克也有出色的表现。而他的数学才能在库默尔的专门指点下很快显露出来，只不过在这个阶段，克罗内克没有花太多精力在数学上，他更希望获得更广泛、更丰富的教育和知识。除了正式学业，他还选修了音乐课，成了一名有造诣的钢琴家和歌唱家。进入老年时光后，克罗内克将数学比作诗，将音乐称为最好的艺术。

广泛的兴趣爱好没有让克罗内克成为一个一知半解的人。他热爱古典文学，就同致力于翻译和传播希腊古典文学的团体“希腊文化”保持着密切联系，并取得了不错的成果；他热爱艺术欣赏，便成了绘画和雕塑的犀利评论家；他热爱音乐，就把在柏林的美丽居所变成了音乐家们聚会的场所，在这些音乐家中就有德国著名的浪漫乐派代表人物费利克斯·门德尔松。

1841 年春，克罗内克进了柏林大学，开始专注于数学。那时，柏林大学数学系里有狄利克雷、雅可比和施泰纳这些大师，可谓人才辈出。在数论和椭圆函数论方面卓有贡献的艾森斯坦也在这里读书，他和克罗内克同岁，两人成了朋友。

大师们对克罗内克的影响各不相同。狄利克雷对克罗内克的影响体现在数学的很多领域，尤其是分析学在数论的应用上；克罗内克对几何不感兴趣，所以施泰纳似乎没有对他产生什么影响；雅可比让他爱上了椭圆函数，他又将椭圆函数应用在了数论上，在这一领域取得了独创性的辉煌的成功。

除了数学，克罗内克的大学生涯跟中学时代没什么太大不同。他更深入地研究了哲学，特别是黑格尔哲学体系，所以他沉溺在对哲学的爱好中，经常去参加古典文学和科学的讲座。

按照德国学生上大学的习惯，克罗内克没有老老实实待在柏林上课。他有时去波恩大学，跟亦师亦友的库默尔在学校里教教数学。在波恩大学期间，学校当局正在很努力地镇压学生团体，克罗内克以他机敏的头脑、和善的性格，私底下与学生们打成一片，并结交了许多朋友。

1845 年，22 岁的克罗内克向柏林大学递交了他的博士论文《论复单位元素》，以此为起点进入了代数数这个极其困难的领域，并获得了博士学位。

大块头与小个子之争

按照德国大学的传统，博士生顺利毕业后必须举办一场宴会，邀请主考人参加。这样的庆祝宴会上通常摆满了啤酒、可口的饭菜，还会来一场充满乐趣的“考试”，大家可以提出一些荒谬的问题，“考生”则回以更荒谬的答案。在这场妙趣横生的宴会中，克罗内克几乎邀请到了全校教师，包括校长。后来，回忆起这场宴会，克罗内克说这是他一生中极为幸福的时刻之一。

通过宴会，我们可以看出克罗内克绝对拥有非常好的人缘。所以，我们很难想象他会跟魏尔斯特拉斯成为科学上的对头。有趣的是，这对冤家都是很高贵的绅士，任何认识他们的人都得承认这一点。可是除此之外，他们几乎没有其他相同点了。

克罗内克事业的顶点是他和魏尔斯特拉斯长期的数学论战，他们谁也不肯要求对方宽恕自己，更不愿意宽恕对方。魏尔斯特拉斯高大、散漫；克罗内克结实、矮小，他的身高大概只有1.52米，不过他长得匀称壮实。

克罗内克拥戴自然数，反对无理数，甚至反对小数、虚数和负数。这里的反对是说克罗内克认为它们并不是数的本质，而非不承认它们的存在。

还记得什么是自然数吗？目前对自然数最新的定义是0和正整数，不过在克罗内克的时代，自然数不包括0。

克罗内克为什么会反对无理数呢？大概觉得它们的存在是不自然的。1886年在一次柏林会议上，克罗内克曾说：“上帝创造了自然数，其他的都是人造数。”对我们人来说，最先认识的数必然是自然数。比如，我们在数东西的时候，通常是一个苹果、两个杯子、三头牛等。自然数是最直接，也是最显而易见的，但其背后的数字则是抽象的，比如 1、2、3 等。可是，随着人类认知能力的提升，对于数的理解也越来越抽象，因此诞生了分数、小数、负数，这些被称为实数。再后来，实数也不够用了，就产生了虚数，这些被统称为复数。

所以，克罗内克认为在自然界中最显而易见的是自然数，其他数只存在于我们人类的大脑之中，是抽象的数，不能通过周围的世界直观地认识到。

于是，克罗内克要求用有限的算术来代替分析，这就与魏尔斯特拉斯产生了分歧。魏尔斯特拉斯觉得克罗内克不喜欢无理数是件不可理喻的事，两人经常发生争吵。往往是魏尔斯特拉斯这个大块头被克罗内克这个小矮子紧紧追着进行攻击，他说不过克罗内克，只能绝望地认输，可是克罗内克仍然不肯放过他，追着他讲个不休。

如果没有这点分歧，他们原本可以成为很好的朋友。两人都是伟大的数学家，身上也都丝毫没有“大人物”那种自命不凡的傲气。

赚钱、研究两不误

22 岁的克罗内克刚在数学界崭露头角，就被迫中断了他的数学事业。原来他的舅舅去世了，舅舅生前从事银行业务，还有一家庞大的农业企业。舅舅立了遗嘱，他去世后，所有财产都交由年轻的外甥管理。这对普通人来说简直是天上掉馅饼的好事，但对克罗内克而言，他不得不放弃8年的光阴，将时间和精力放在经营地产和商业上。当然，他非常成功，为了有效管理企业，他甚至精通了农业，在财务经营上也获得了成功。

25岁时，克罗内克爱上了他舅舅的女儿，就是他的表妹范尼·普劳斯尼茨尔，两人很快结婚，建立了安定的家庭。克罗内克的婚后生活幸福而满足，妻子为他生育了6个子女，并悉心照料、培养了他们的孩子。克罗内克十分爱自己的妻子，当妻子患病离世时，他深受打击。

1845年到1853年，克罗内克在经商的8年间没有发表任何数学著作。1853年，克罗内克退出了商界，旅行访问了巴黎。在那里，他结交了埃尔米特等许多法国数学家。这说明在经商期间，克罗内克一直都跟科学界保持着联系，尤其是他始终跟老师库默尔保持着活跃的科学通信，否则他不会那么快就融入数学圈子。

同样在这一年，他发表了一篇关于方程的代数可解性的文章。当时，只有很少几个人能理解伽罗瓦的方程理论。通过这项工作，克罗内克完全掌握了伽罗瓦理论。实际上，他也许是当时唯一深入洞察伽罗瓦思想的数学家。

理解透彻，是克罗内克研究伽罗瓦理论的一个显著特点。正因为此，他能全面地将伽罗瓦的理论著作出版，让这一学科从只有几个人了解的私有物，变成了全体代数学家的公共财富。克罗内克也因此成为方程理论的继承者。

从克罗内克的大部分著作中都能看出他是一个算术学家。他的许多工作，要么是有理算术，要么是更广泛的代数数算术。

克罗内克的很多学术发现都有一个明显的特点：用他特有的方式，把自己最感兴趣的数论、方程论和椭圆函数三部分，编织成一个具有对称美的模式。在这个模式下，很多细节都出人意料地跟其他数学理论有相似之处。克罗内克为了更好地从事数学研究发明的一些数学理论、公式，不仅协助了他的工作，更为其他理论、公式的诞生奠定了良好基础。

除了这个具有对称性的模式，克罗内克在代数数理论和数学物理学的纯数学方面也有许多惊人的建树。

“数学革命”

克罗内克的一生自由而洒脱，他有自己的企业，跟任何人都没有雇佣关系。1861 年到 1883 年，克罗内克利用柏林科学院院士的身份，在柏林大学讲授自己在数学方面的研究成果，却没有收取任何报酬。1883 年，库默尔教授退休了，他才接替老师的职务，成为柏林大学的常任教授。在获得固定职务之前，克罗内克经常在欧洲各地旅行，在英国、法国和斯堪的纳维亚半岛举行的科学会议上经常有克罗内克活跃的身影。

在作为数学讲师的整个生涯中，克罗内克一直在跟魏尔斯特拉斯等人竞争，几何、分析学和物理学科的联系更为明显，所以魏尔斯特拉斯的课程更受欢迎。不过，在克罗内克的努力下，代数和数论也为他争取到了不少精英学生。

克罗内克脾气很好，在授课之初，他总能凭借生动、美妙、有趣的开场白，为自己吸引来许多学生，并且让大家认为这门课程很容易学。不过，3 节课过后，大多数学生都悄悄溜去听魏尔斯特拉斯的课了，只留下几个忠实又顽强的学生继续听课。这个时候，克罗内克就会高兴地开着玩笑说，应该在教室前几排椅子后拉上一道帘子，这样教室的空间就会变小，能让他跟学生们之间的关系更亲密。尽管如此，克罗内克也没有再花费心思去寻找更多的学生。

克罗内克的确跟为数不多的几个学生保持着友谊。他们一起步行回家，一路上继续着课堂上的讨论。在柏林拥挤的人行道上经常可以见到这样一个有趣的景象：一个兴奋的小个子手舞足蹈地对着一群着迷的学生讲着什么，根本不知道自己堵塞了交通。克罗内克慷慨好客，家里的大门总是向学生们敞开，他的几个学生成了优秀的数学家，但他的“学校”是整个世界。

在数学史上，克罗内克是一个怀疑者。基于他的想法，数学家们有意识地对我们习以为常的数加以公理化，正如当年贝克莱主教对牛顿微积分的质疑，使得整个微积分大厦开始了一段公理化过程。

克罗内克同时代的人称他对分析学的破坏性攻击为“革命”，它将驱逐数学中的一切，只留下正整数。按照克罗内克制定的“数学革命方案”，整个代数和数论，包括代数数，都要重新构造。

那些不喜欢克罗内克“革命”的人称它是盲动的，它与有秩序的革命相比，更像酒后的喧闹。进入 20 世纪二三十年代，“数学革命”导致了两项建设性批评运动：第一项运动是对于任何被指明其“存在”的“数”或其他数学“实体”，要求提供有限步的构造方法，或证明其可能性；第二项运动是从数学中排除一切不能用有限数目的语词明确说明的定义。

到了晚年，克罗内克太过于相信自己的数学，从而将康托尔的工作视作危险的数学疯狂。他认为数学在康托尔的带领下将走向疯人院，于是一直反对、攻击康托尔。结果，走向疯人院的不是康托尔的集合论，而是康托尔本人。最不幸的是，克罗内克还是康托尔的老师，作为老师，如此对待自己的学生，这大概就是克罗内克一生中最不光彩的一面了。

无论如何，克罗内克都信仰自然数，他曾经说：“最深奥的数学研究的全部结果，最终一定可以表示成整数性质的简单形式。”

1891 年 12 月 29 日，克罗内克因患支气管炎去世，终年 69 岁。

9 黎曼
Georg Friedrich Bernhard Riemann

一个像黎曼这样的几何学家几乎已经预见到了现实世界更重要的特征。

——A. S. 爱丁顿

$z = x + iy$
$w = u + iv$
$\frac{\partial u}{\partial x} = \frac{\partial v}{\partial y}, \frac{\partial u}{\partial y} = -\frac{\partial v}{\partial x}$

数学家普遍很长寿，但其中也有几个体弱多病的，比如帕斯卡、柯西，以及黎曼。黎曼是现代极具独创能力的数学家之一，在他短促的数学生涯里，只有一卷 8 开本的著作，这看似少得可怜的内容，却具有难能可贵的革新性。如果他能晚出生一个世纪，医学也许能够使他的寿命延长二三十年，数学也就不至于到现在还在等待他的后继者了。

贫困却温馨的童年时光

格奥尔格·弗里德里希·波恩哈德·黎曼是一位路德宗牧师的儿子，他在家里的 6 个孩子中排行第二。

1826 年 9 月 17 日，黎曼出生在德国汉诺威一个名叫布列斯伦茨的小村庄里。他的父亲在拿破仑战争中打过仗，战争结束后，娶了一位法庭评议员的女儿夏洛特·埃贝尔。19 世纪初期的汉诺威经济不怎么发达，也没有繁荣的迹象，一个小村庄的牧师想要维持一家 8 口的衣食是非常困难的。贫穷导致了营养不良，黎曼的兄弟姐妹要么体质虚弱，要么早早离开了人世。母亲也在孩子们成年之前就因操劳过度去世了。尽管贫穷，家人们却相互帮助扶持，彼此之间感情深厚，所以黎曼很享受家庭幸福带来的温暖，当他离开家的时候，心中总是怀着最深切的思念。

从幼年起，黎曼就是一个胆小、缺乏自信的人，他害怕在公开场合讲话，也害怕引起人们对他的注意。长大后，胆怯像一种缺陷似的困扰着黎曼，给他带来了许多苦恼。直到他学有所成，需要做公开演讲，黎曼不得不认真、努力地积极做准备，这才克服了胆怯，能够自如地在众人面前表达自己的观点。成年后，童年的胆怯慢慢变成了可爱的腼腆，这给他增添了不少人格魅力，让见到他的人都不由自主地喜欢上了他。同时，腼腆的性格也跟他科学思想上的成熟、大胆形成了鲜明对照。黎曼在自己创造的世界里是至高无上的，数学给予了他超群的力量，令他无所畏惧。

当黎曼还是个婴儿时，父亲被派到奎克博恩担任牧师。在奎克博恩，父亲成为他启蒙教育最好的老师。黎曼从第一节课开始就显示出对知识的强烈渴望。他最早感兴趣的是历史，特别是波兰富于浪漫色彩的悲剧历史。5 岁时，黎曼总是缠着父亲，让父亲给他反复讲述伍德罗・威尔逊为了国家和民族自由英勇斗争的传说。

6 岁时，黎曼开始学习算术，并展现出了天生的数学才能。他不仅能轻松解决安排给自己的所有问题，还能想出更困难的题目给自己的兄弟姐妹。不用说，家里的孩子对他的行为很是恼火。数学上的创造力已经开始支配黎曼的行为了。

10岁时，黎曼跟随专职教师舒尔茨学习高等算术和几何。舒尔茨是一个很好的教师，他很快发现眼前的孩子常常有比他更好的解题方法，他得跟着自己学生的思路走。

14岁时，黎曼离开父亲，前去汉诺威与祖母同住。他在那里进入了人生中的第一所学校，成了一名三年级的中学生。这时，羞怯的性格让黎曼成为同学们的笑料，离开家人后，他第一次感受到了孤独。黎曼的功课因此受到了影响，出现了短暂退步，不过他很快又追了上来。孤身在外的日子里，黎曼唯一的慰藉就是攒点零花钱买些小礼物，在父母和兄弟姐妹过生日的时候送给他们。他亲手制作了一个别出心裁的万年历，送给了父母当礼物，这个制作精巧、推算精准的小玩意儿让那些嘲笑过他的同学大吃一惊。

两年后，祖母去世。黎曼转到吕讷堡上中学，他在那里一直学习到19岁，为进入格丁根大学做好了充分准备。吕讷堡距离黎曼家不远，黎曼当时的健康状况还算不错，他每天都步行回家，一头钻进家庭的温暖怀抱中。尽管母亲担心他这样来回奔波会很劳累，但为了有更多时间跟家人待在一起，黎曼愿意承受这样的劳累。这段中学时光，是黎曼一生中最幸福的阶段。

还在上中学时，黎曼就非常追求尽善尽美的学术表达，如果一篇文章他不能写得令自己满意，他宁肯不发表。这个“缺点”让人怀疑他能否通过学校的考试，在后来又使得他的科学论著迟迟不能发表。不过，当他写出两篇精美绝伦的杰作时，就连高斯也公开赞美其中一篇是完美无缺的。

学校里的希伯来语教师赛费尔很喜欢年轻的黎曼，他让黎曼到自己家里寄宿，两人一起学习希伯来语。黎曼喜欢举一反三，他原本打算满足父亲的愿望，做一个伟大的传教士。黎曼原本就是一个虔诚的信徒，他还试图效仿斯宾诺莎的方式，用自己的数学才能证明《创世记》的真实性。当然，他失败了，但这没有给他带来多少打击，他依然坚持自己的信仰，终生都是一个真诚的基督教徒。和柯西不同，黎曼从不会劝说别人改变信仰。正如他的传记的作者戴德金所说："他虔诚地避免打扰其他人的信仰。对他来说，宗教上主要的事情是每天自我反省。"在中学学业即将结束时，黎曼终于清楚地认识到，上帝不需要他去当一个布道者，他需要去当一个自然的征服者。

中学校长施马尔富斯发现了黎曼的数学才能，准许这孩子自由使用他的私人图书馆，并免修数学课，给了黎曼自由发挥的空间。有一次，校长建议黎曼从图书馆借一本数学书回去自学。于是，黎曼借走了勒让德的《数论》，那是一本 800 多页、大 4 开本的大部头著作，即便是一本通俗小说，这个体量也大得惊人。而黎曼只用了 6 天，就把书还了回来。校长问他："你读了多少?"

黎曼没有直接回答，而是先表达了自己非常欣赏勒让德的这部著作："那当然是一本了不起的书，我已经掌握了它。"几个月后，当校长考问黎曼书里的内容时，黎曼仍能对答如流。这说明黎曼真的已经全面、透彻地掌握了这本书。

黎曼猜想

勒让德引起了黎曼对素数之谜的兴趣。在此，让我们稍稍偏离一下时间线，提前讲一下数学史中著名的黎曼猜想。

1859 年 11 月，33 岁的黎曼已经成为柏林科学院的通讯院士，他在科学院的院报上提交了一篇名为《关于小于某个给定量的素数的数目》的论文。这篇论文只有短短 8 页，却成为黎曼猜想的“诞生地”。

黎曼那篇论文所研究的是一个数学家们长期以来一直很感兴趣的问题，即素数的分布。素数又称质数。质数是像 2、3、5、7、11、13、17、19 这样的大于 1 且除了 1 和自身以外不能被其他正整数整除的自然数。这些数在数论研究中有着极大的重要性。从某种意义上讲，它们在数论中的地位类似物理世界中构筑万物的原子。质数的定义简单得可以在中学甚至小学的数学课上进行讲授，但它们的分布奥妙得异乎寻常，数学家们付出了极大的心力，却迄今仍未能彻底了解。

黎曼论文的一个重大的成果，就是发现了质数分布的奥秘完全蕴藏在一个特殊的函数之中，尤其是使那个函数取值为 0 的一系列特殊的点对质数分布的细致规律有着决定性的影响。那个函数如今被称为黎曼 ζ 函数，那一系列特殊的点则被称为黎曼 ζ 函数的非平凡零点。

有意思的是，黎曼那篇文章的成果虽然重大，文字却极为简练，甚至简练得有些过分，因为它包括了很多“证明从略”的地方。而要命的是，“证明从略”原本应该是用来省略那些显而易见的证明的，黎曼的论文却并非如此，他那些“证明从略”的地方，有的花费了后世数学家们几十年的努力才得以补全，有些甚至直到今天仍是空白。但黎曼的论文在为数不少的“证明从略”之外，引人注目地包含了一个他明确承认了自己无法证明的命题，那个命题就是黎曼猜想。黎曼猜想自 1859 年“诞生”以来，经过了 100 多年的历史，在这期间，它就像一座巍峨的山峰，吸引了无数数学家前去攀登，却谁也没能登顶。

有人统计过，在当今的数学文献中，已有超过 1000 条数学命题以黎曼猜想或其推广形式的成立为前提。如果黎曼猜想被证明成立，那么所有那些数学命题就可以荣升为定理；反之，如果黎曼猜想被证明不成立，则那些数学命题中起码有一部分将成为陪葬。

爱数学，亦爱物理

黎曼在中学里自学的速度和质量都非常惊人，除了勒让德，他还通过学习欧拉，熟悉了微积分及其分支。更令人惊奇的是，由于高斯、阿贝尔和柯西的工作，欧拉的方法到 19 世纪 40 年代中期已经过时了，但黎曼就是从分析学这样一个古老的起点开始，成了一名敏锐的分析学家。同时，欧拉教给了他许多数学上的“纯技巧”。对漂亮公式和整齐定理的过度追求，很容易蜕变成愚蠢；但如果对公式和定理的要求过于简朴，又很容易无法将其应用到特殊问题上。黎曼凭借天生的数学机敏，避开了这两个极端的倾向。

1846 年，20 岁的黎曼成为格丁根大学哲学和神学系的学生。学习这个专业，可以让他快速得到一份有报酬的工作，那样既可满足父亲的心愿，又能在经济上对家庭有所帮助。但是，黎曼很快发现自己忘不了斯特恩的方程论和定积分、高斯的最小二乘法，以及戈尔德施米特关于地磁学的数学讲座。黎曼向父亲坦承了自己的想法，希望他能同意自己改换课程。父亲能看出儿子在数学上的天分，于是义无反顾地支持他从事数学研究。有时候，一个懂事孩子的背后，是一个善解人意的家庭。

格丁根大学的教育方法有些陈旧，所以一年后黎曼转到了柏林大学，追随雅可比、狄利克雷、施泰纳和艾森斯坦的足迹，进入了一个崭新的、充满活力的数学世界。

黎曼向这些大师学到了很多东西。从雅可比那里学到了高等力学和高等代数；从狄利克雷那里学到了数论和分析；从施泰纳那里学到了现代几何；而从仅比他年长 3 岁的艾森斯坦那里，他不仅学到了椭圆函数，还学到了自信，因为他和这位年轻的大师对理论应该如何发展有着本质上不同的观点。艾森斯坦坚持美妙的公式，多少有点现代化的欧拉风格；黎曼想要引进复变量，从少数简单的一般原理，用最少的计算导出整个理论。这个想法让黎曼开始了研究单复变量函数理论的工作，它既是黎曼对纯数学的一项伟大贡献，又对现代科学史产生了深远影响。

黎曼在柏林大学度过了两年时间。1848 年，欧洲爆发了一系列革命，史称“民族之春”。在动荡不安的政治背景下，黎曼和保皇派学生军参加了 16 小时轮班警卫，以保护国王不受革命的冲击。

1849 年，黎曼回到格丁根大学完成学业，并取得了博士学位。作为一个纯数学家，黎曼的兴趣非常广泛，他花在物理学上的时间与他花在数学上的时间同样多。在格丁根大学的最后三个学期，他十分喜欢去听威廉 · 韦伯的实验物理学课程。韦伯看出了黎曼的科学天才，成了他的至交和能帮助他的顾问。黎曼对物理学的感知力非常强，这是长时间在实验室里跟物理学家不断碰撞培养出来的。他作为一个物理数学家，对于数学在科学应用价值上的直觉，与牛顿、高斯、爱因斯坦是同一等级的。

1850 年，24 岁的黎曼跟随约翰 · 弗里德里希 · 赫尔巴特学习哲学后，抛弃了物理科学中一切有利于场论的“超距作用”理论，并得出结论：“有可能建立一个完整的、自圆其说的数学理论，这个理论从一些单个点的基本定律，推论出在充满物质的现实空间中所见到的过程，这其中不分引力、电、磁或静热力学。”如果黎曼能多活二三十年，也许他会成为 19 世纪的牛顿或爱因斯坦。黎曼的物理学思想非常大胆，他试图用几何方法研究宏观物理，这个想法被爱因斯坦实现了，由此可见他预见到的物理是合理的。

黎曼对物理学着了迷，暂时把纯粹数学放在了一边。1850 年，他参加了由韦伯、乌尔里希、斯特恩和李斯廷开设的数学物理学研究班。在这个研究班中，他将原本用于准备数学博士论文的时间，花在了物理实验上，直到 25 岁才交出数学博士论文。

深受大师认可

1851 年 11 月初，黎曼把他的博士论文《单复变函数一般理论的基础》呈交给高斯审查。那时距高斯去世还有 4 年，在所有研究数学的人心里，高斯几乎是一个传说中的人物，鲜有人能激起高斯的热情，而黎曼就是其中之一。他去拜访高斯的时候，高斯告诉他：“我已经计划了很多年，想要写一篇跟你的论文同样题目的专题论文。”

高斯给格丁根大学的论文审查报告，是他极少数正式发表看法的报告。

“黎曼先生交来的论文提供了令人信服的证据，说明作者对该文所论述的问题做了全面深入的研究，说明作者是一个具有创造性的、活跃的、真正的数学头脑的人。他的表达方式清晰简明，在一些地方甚至是优美的。整篇论文是有内容、有价值的，它不但达到了博士论文所要求达到的标准，而且远远超过了这些标准。”

一个月后，黎曼通过了最后的考试，包括论文的公开答辩。一切都进行得很顺利，黎曼开始希望得到一个与他的才能相称的职位。“我相信我已经用论文优化了前途。”他写信给他的父亲说，“我也希望有一天我写论文变得更快、更流畅。尤其是当我进入社交界，或者有机会得到一个讲课机会的话，能够流畅快速地写论文会让我充满勇气。”

黎曼想要在大学里争取一个无薪俸教师职位。于是，他计划提交一篇关于三角级数的文章作为他的就职论文。但是还要等两年半的时间，他才能够挂出无薪俸教师的牌子，从选听他讲课的学生们那里以收费的形式获取报酬。

1852年秋季，狄利克雷来格丁根度假，黎曼想趁这个机会请狄利克雷对他未完成的论文提出建设性意见。在黎曼朋友们的帮助、安排下，狄利克雷和黎曼在某个宴会过后相见了。狄利克雷立即被黎曼谦虚的人品和数学上的天才深深迷住了，两人一起通读了黎曼的论文，狄利克雷提出了针对性意见。黎曼在给父亲的信中写道："考虑到我们之间悬殊的地位，我没想到他能对我这么友好。他给我提出的意见，是需要我在图书馆花费许多个小时才能吃力地研究出来的。"

除了提交就职论文，黎曼还要进行一次就职演讲，才能正式成为一名讲师。他首先提出三个演讲题目，由评审人从中选出一个，然后他需要针对这个题目进行演讲。黎曼提出的题目中有一个是高斯思考了60年甚至更长时间的问题——微分几何，而高斯正是评审人之一。出于好奇，高斯选中了这个题目，他想看看黎曼那"灿烂丰富的创造力"会对这个问题做出怎样美妙的解释。

与此同时，黎曼还在数学物理学研究班给韦伯当助手，同时进行两项极为困难的研究，工作上的过度紧张和生活上的贫穷，让黎曼出现了短暂的体力衰竭。高斯指定的就职演讲题目就在这时送到了黎曼面前，黎曼顿时倍感压力，生怕自己在高斯面前班门弄斧，遭到大师的嘲笑。

于是他给父亲写信说："我对于把一切物理规律结合在一起的研究变得如此入迷，以至于当我得到就职演讲的题目时，我不能立刻从研究中抽出身来。然后我病倒了，部分是思考过度的结果，部分是因为糟糕的天气。在室内待得太久，我的老毛病又犯了，而且更加顽固，我无法进行我的工作……所以，我又处在绝境中了。现在我不得不应对这个题目。为此我得恢复对电、磁、光和引力之间的联系的研究，我必须进行到万无一失、没有任何疑虑的地步才能公布它。在研究的过程中，我越来越发现高斯已经在这个问题上工作了许多年，他还对很多朋友谈起过这个问题，韦伯就是其中之一。我希望时间还充足，让我能作为一个独立的研究者得到承认。”

为了让身体得到好转，黎曼租了一幢花园小房度过难熬的夏天，加上天气逐渐好转，他终于在复活节后的两个星期内，完成了物理实验室里的工作，开始全心全意着手就职演讲。

黎曼花了 7 周时间完成了课题研究。不过，在演讲时间的安排上又出了些问题。当时高斯生病了，身体很虚弱，医生担心他的生命即将走到尽头，无法再进行考核，高斯便向黎曼承诺等到 8 月就会让他进行演讲。幸运的是，高斯身体很快好转，在圣灵节后的星期六就对黎曼进行了审核。黎曼就职演讲的论文名字为《论作为几何学基础的假设》，为了让哪怕只有很少数学知识的老师也能顺利读懂这篇论文，他费尽苦心，最终得到了高斯的高度赞扬。黎曼顺利通过了一切，终于在秋季时开始教授课程，有了一些收入。

黎曼的就职演讲主要围绕微分几何革新展开，为现代物理几何化铺平了道路。黎曼在信中介绍了他如何完成了就职演讲的研究内容。韦伯和他的一些同事非常精确地测量了一个从未被研究过的现象，即莱顿瓶中的残余电荷。人们通常认为，莱顿瓶放电之后，并非完全不带电。黎曼根据这个现象，为韦伯的一个同事科尔劳施特意建立起一个理论，以便他们进行后续的研究，这也是黎曼第一次把工作应用到未知的物理现象上。

挣扎在贫困线上的研究

就职演讲结束后，黎曼回到奎克博恩的家里与家人团聚，短暂享受家庭的温暖，这让他重新充满了力量。9 月，黎曼回到格丁根，熬夜匆忙赶出一篇文章，在一个科学家集会上做了演讲。他这次演讲的主题是非导体中电的传播。随后的一年，他继续对电的数学理论进行研究，并写了一篇关于诺比利彩色环的文章。他认为通过研究能够测验电的运动规律，并对其做出精准测量。

他在给妹妹写的信里讲述了自己第一次讲课的巨大收获——足足有 8 个学生来听他讲课。按照他原来的估计，能有两三个学生来听讲就不错了。这种出乎意料的情况鼓舞了黎曼，他告诉父亲："我能正式开课了。我最初的胆怯和不安已经渐渐平息了。我开始习惯更多地考虑听众的感受，从他们的表情中判断我是应该继续讲下去，还是应该做进一步的解释。"

1855 年，在狄利克雷接替高斯的职位后，黎曼的朋友希望学校能够任命黎曼为副教授，这样能为他提供一笔收入，解决他贫困的状况。但是，大学的经费不够了，只能为黎曼提供一年 200 美元的收入，这可比学生们自愿支付的学费要高得多。

黎曼这边的经济状况刚要有所好转，他便失去了父亲和妹妹克拉拉，这份伤痛令他难以承受，奎克博恩那个曾经带给他温暖幸福的家变得不再完整了。黎曼跟一个兄弟和其余三个姐妹住在一起。他的兄弟在不来梅的邮政系统当职员，赚取的薪金和黎曼相比堪称王侯级别的了。

1856 年，黎曼发展了阿贝尔的函数，写出了微分方程的经典著作。魏尔斯特拉斯对阿贝尔函数的发展用的是算术的方法，他的进展有条不紊，在所有细节上都是精确的。他像率领一支受过充分训练的军队的将军，能洞察一切，对所有的意外事故都有所准备。与魏尔斯特拉斯不同的是，黎曼用的是几何和直观的方法，他对整个战场了如指掌，不在乎细节，却能抓住最关键的地方，对它发起猛攻。他们两个人的方法，没有谁比谁更好的说法，他们各有所长，不能从普通观点去理解。

对工作的热情投入，让黎曼暂时忽略了物质生活困难带来的不幸。然而，过度工作和缺乏合理的休息，让 31 岁的黎曼患上了神经衰弱，他不得不去哈尔茨的山村过了几个星期的假期。他在那里有个关系不错的朋友，还遇见了戴德金，三人一起远足登山，黎曼的机智和幽默感逗得同伴们哈哈大笑，他们还在一起谈论数学。一天傍晚，徒步旅行结束后，黎曼阅读了布儒斯特写的牛顿传记，他在牛顿致本特利的信中发现，牛顿断言了无居间介质的超距作用的不可能性，这激发他做了一次即兴演讲。轻松快活的假期，让黎曼很快恢复了健康。

1857 年，31 岁的黎曼终于得了一个助理教授的职位，薪资也涨到了一年 300 美元。他一直在物质上一无所有，所以他对薪水也没有太多要求。然而，另一场灾难降临了：他的兄弟去世了。照料三个姐妹的担子全都落在他一个人身上。一年300美元的薪水平摊在他们四人身上，每人一年只有75美元生活费。这笔钱足够赤贫家庭的人生活上一整年，但黎曼生活在大学里，依靠这点微薄的薪水无疑是生活在地狱里。

更残酷的是，没过多久，最小的妹妹玛丽离世了。黎曼和另外两个姐妹的生活费变成了每人每年100美元，物质上得到了略微的缓解，一再痛失亲人的打击却令黎曼愈加痛苦。幸而，两个妹妹不断给予他鼓励，为他注入信心，才又一次令黎曼撑过了难熬的日子。

缠绵病榻

1858年，黎曼写了关于电动力学的文章。他非常自信，把这篇文章交给了格丁根皇家学会。高斯之前也做过类似的工作，不过他们的方向不同，而且高斯收回了论文，可见他自己都不满意论文的结论。于是，黎曼乐观地认为自己会超过高斯。不过，他的那篇文章也没能流传下来，可见在这个领域不是那么容易就能取得成功的。

1859年5月5日，狄利克雷去世了。他生前很重视黎曼，曾经尽他所能地帮助这个艰苦奋斗的年轻人。狄利克雷的关心和黎曼迅速增长的名声，使得学校决定让黎曼来接替狄利克雷的职位，33岁的黎曼成了高斯的第二个继任者。

为了减轻他的家庭负担，学校让他住在天文台，就像高斯曾经住在天文台一样。那些承认和欣赏黎曼才华的数学家同行纷纷来拜访他。所到之处，黎曼备受欢迎。一次去柏林访问时，他受到博查特、库默尔、克罗内克和魏尔斯特拉斯的宴请。英国皇家学会和法兰西科学院都授予了他会员的荣誉。那段时间，黎曼得到了一个科学家所能得到的最高荣誉。

1860 年访问巴黎时，他结识了法国第一流的数学家，特别是埃尔米特，他对黎曼的称赞简直没有止境。这一年，是数学物理学史上值得记忆的一年，黎曼开始集中写作他的论文《关于热传导的一个问题》。他在这篇文章中发展了二次微分形式的全部方法，如今二次微分形式已经成了相对论的基础。

黎曼的物质生活随着他被任命为教授而大大改善，36 岁时，他与妹妹的朋友伊丽泽・科赫结婚了。婚后仅一个月，黎曼患上了胸膜炎，尚未完全康复时又患上了结核病。他的朋友们得知他健康状况恶化，说服政府出资，让他去温暖的意大利过冬休养。

第二年春天，黎曼的身体好多了。在返回德国途中，他兴致勃勃地访问了许多意大利城市的艺术胜地。不料，回到格丁根时，他步行穿过了施普吕根山口深深的积雪，这让他得了重感冒。于是，1863 年 8 月，他回到了意大利的比萨休养。他的女儿伊达就是在比萨出生的。

没想到的是，这一年的冬天异常寒冷，连阿尔诺河也封冻了。第二年 5 月，黎曼搬进了比萨城郊的小别墅里。妹妹海伦妮在这里去世。他自己则出现了并发症黄疸病，病情变得越来越严重。让黎曼深感遗憾的是，由于健康原因，他不得不放弃了比萨大学提供给他的教授职位。格丁根大学延长了他的休假时间，使他能够在意大利数学界朋友们的陪伴下，在比萨度过第二个冬天。但是，并发症越来越严重，黎曼大概知道自己时日无多了，他渴望回家。10月份，黎曼回到了格丁根，这个冬天他还算健康。

生病的整段时间里，黎曼只要有力气就坚持工作。他常常表示想要与戴德金聊聊他那尚未完成的工作，但是他的身体始终没有恢复到可以去拜访好友的程度。黎曼制订的最后计划里，有一项工作是关于听觉的力学的，但是他没能完成。

生命里最后的日子，黎曼是在马焦雷湖畔塞拉斯卡的一栋别墅中度过的。1866年7月20日，黎曼去世了，终年39岁。他意大利的朋友们为他写的铭文的最后一句是“爱上帝者，必诸事顺遂”。

黎曼去世后，妻子带着女儿和黎曼的姐姐住在一起。他清贫一生，但他和妻子的婚姻非常幸福。

10
库默尔
Ernst Eduard Kummer

我们因此看出，理想素因子揭示了复数的本质，似乎使得它们明白易懂，并揭示了它们内部透明的结构。

——E. E. 库默尔

$x^p + y^p = z^p$

现代算术继高斯之后，始于库默尔。他的理论开始于证明费马大定理。算术比数学任何分支学科产生的深奥问题都多，它能提供的有力工具也更多。但是，在数学体系里，它像个旁观者，冷眼看着几何学、分析学取得一个又一个成就，而在过去的2000年里，很少有大数学家对这门“纯理论”科学的进展付出巨大努力。

以下几个因素决定了数学家们对算术的忽略：首先，算术的难度比数学其他领域要高得多；其次，它对科学的直接应用很少，即便是非常有创造力的数学家，也很少看出它的发展走向；再次，分析、几何和应用数学这些领域更容易取得引人注目的成果，为数学家们赢得尊敬和名望。这种想法也是合乎情理的，就连高斯都屈从过。为了声望放弃了对算术的研究，令到了中年的高斯懊悔不已。

如今，算术的接力棒传到了库默尔的手中。他是一个典型的老派德国人，直率、单纯、脾气好，还有着丰富的幽默感。算术在他的手中有了新的发展。

恩斯特·爱德华·库默尔于1810年1月29日出生在德意志地区的索劳，今天这个地方归属于波兰。恩斯特的父亲是一位乡村医生。在恩斯特3岁的时候，拿破仑大军在俄国惨败，溃败之军通过德意志零零落落地回到法国。这些打了败仗的士兵浑身长满了虱子，还染上了俄国人特有的斑疹伤寒。他们在途经索劳的时候，也让当地人染上了这种疾病。库默尔的父亲整日忙着给人看病，操劳过度之下也感染了斑疹伤寒，不久后便离世了，只留下了寡妻一个人照顾年幼的恩斯特和他的哥哥。

库默尔自小在艰难贫困中长大，但要强的母亲竭尽全力想办法让两个儿子在当地中学完成了学业。父亲的离世和母亲孜孜不倦的教导，让库默尔成了一个爱国者，他痛恨法国作为侵略者对他的祖国和家庭犯下的罪过。他一读完大学就跑去研究炮弹曲线问题，后半生都在柏林军事学院度过，给德意志的军官们讲授炮弹弹道学。他的学生们在后来普法战争的时候一雪前耻，大败法军。

库默尔18岁时，到了该上大学的年纪，母亲把他送进哈雷大学学神学。在欧洲，由于可以很快在教会谋到一份有薪水的工作，所以学神学一直以来是贫苦家庭孩子的选择。由于贫穷，库默尔不能住在大学里，他只能每天背着食物和书本，在索劳和哈雷之间来回奔波。

哈雷大学的数学教授海因里希·费迪南德·舍克将库默尔从神学中拯救了出来，将美妙的代数和算术带给了库默尔。在舍克的指导下，库默尔的数学天赋很快显现出来，他抛弃了伦理学和神学，一头扎进了数学世界。他模仿笛卡儿，说自己更喜欢数学而不是哲学，因为“纯粹错误和谬误的观点不能进入数学”。

库默尔 21 岁时被授予了博士学位。以他在数学上的天分，原本可以留在大学教书，但是当时大学里没有空缺的位置，库默尔只能在 1832 年迁往利格尼茨，回到他就读的中学，在那里教了 10 年书。

幸运的是，库默尔不像同样在中小学教书的魏尔斯特拉斯那样手头拮据，他还付得起科学通信的邮资。于是，他跟许多著名的数学家通过信件分享交流了自己在数学上的发现，这让他早早就被欧洲数学圈子所接受，大家也都竭尽所能地帮助库默尔，希望他能早日获得一个与他的能力相称的职位。

但库默尔直到 1842 年才被任命为布雷斯劳大学的数学教授，他在那里担任教授直到 1855 年。当时，高斯的离世造成了欧洲数学格局的大范围变动。数学家们都想成为“高斯的继任者”，这个职位不仅能让数学家赚取更多薪金，更是对他们学术地位的极大肯定和无上荣耀。甚至到了今天，成为“高斯的继任者”对数学家们也有不可抗拒的吸引力。当时，“高斯的继任者”的盛名首先落在了狄利克雷身上，尽管在世界的数学首都柏林待得非常愉快，他也不能拒绝老师遗留下来的这个职位。

如此一来，狄利克雷的职位就空出来了。库默尔受到了同时代数学家们的高度尊敬，29 岁时就成了柏林科学院的通讯院士。于是，库默尔在 1855 年继承了狄利克雷在大学和科学院的职位，同时被任命为柏林军事学院的教授。

库默尔是十分罕见的科学天才之一，他在数学的现实应用方面，包括军火武器研究上都有突出贡献。而最突出的天才是在抽象数学方面，最杰出的工作则是证明了费马大定理。

关于费马大定理，简单来讲，就是要证明“当 $n > 2$ 且为整数时，则方程 $x^n+y^n=z^n$ 无整数解，其中 x、y、z 均不为 0”。勒让德和狄利克雷已经分别证明了当 n=5 的时候，费马大定理是成立的；拉梅则证明了当 n=7 的时候，费马大定理同样成立。

大概德国人在费马大定理上的工作太出色，法国人有些着急了。1853 年 3 月 1 日，法兰西科学院设立了一系列奖项，包括金质奖章和 3000 法郎的奖金，以奖励能最终揭开费马大定理神秘面纱的数学家。

拉梅和柯西暗中较劲，相继发表了自己的证明，遗憾的是，他们的证明都不完美。

直到 5 月 24 日，刘维尔宣读了库默尔写的一封信，让法国人大为震惊。当时库默尔在柏林军事学院教授炮弹弹道学，但他的数学家朋友遍布欧洲，对法兰西科学院的事情自然知道得一清二楚。他指出，无论拉梅还是柯西，都犯了一个逻辑错误。他们的证明都要借助一种叫“唯一因子分解”的性质。唯一因子分解指的是，对于给定的一个数，只有一种可能的素数组合，它们的乘积等于这个给定的数。比如数字 6，它只有一种组合，就是 2×3，其中，2 和 3 都是质数。再比如数字 18，可以因式分解成 2×3×3，其中，2 和 3 也是质数，而这种拆分只有一种。

唯一因子分解也叫算术基本定理，即任何一个大于 1 的自然数可以分解成一些素数的乘积；并且在不计次序的情况下，这种分解方式是唯一的。这个定理已经被证明是正确的了。问题是，它有个前提条件，就是对于一切自然数都适用。而拉梅和柯西在用这个定理的时候，竟然用了虚数，那么这个定理是否还适用，就需要重新证明。

因为如果涉及虚数，那么因子分解就不是唯一的了。继续以6为例，6除了可以写成2×3之外，还可以写成（$1+\sqrt{-5}$）×（$1-\sqrt{-5}$），其中（$1+\sqrt{-5}$）是个复数，里面有实数也有虚数。除此之外，6还可以写成（$2+\sqrt{-4}$）×（$2-\sqrt{-4}$）。这就意味着，唯一因子分解在涉及虚数的时候，不再是唯一的了。

有意思的是，大家看到库默尔的来信后，拉梅懊恼地垂下了头，感到非常羞耻。而柯西还在较劲说自己的证明方法与拉梅的相比，对唯一因子分解的依赖程度较低。

实际上，库默尔已经证明了，在当时的情况下，要证明费马大定理是不可能的，因为缺少必要的工具。不过，库默尔也将费马大定理向前推进了一大步，他发明了理想数这个概念。在刘维尔宣读了他的信后几周，库默尔又寄来一篇论文，上面有他的一些证明，他证明了一大类素数适用费马大定理，这些素数被称为正则素数。后来，戴德金根据库默尔的理想数发展出了环的理想的概念。

由于部分解决了费马大定理的问题，1857年，法兰西科学院宣布了奖金的去向，全文如下:“关于数学科学大奖赛的报告。大奖赛设于1853年，结束于1856年。委员会发现参加竞赛的那些著作中，没有值得授予奖金的著作，故此建议科学院将奖金授予库默尔，以奖励他关于由单位根和整数构成之复数的卓越研究。科学院采纳了这一建议。”

库默尔对费马大定理的研究工作始于1835年10月。1844至1847年，他又写了一些文章，最后一篇的题目是《关于$x^n+y^n=z^n$对于无穷多个素数p的不可能性之费马大定理的证明》。他不断补充改进自己的理论，包括他对于高次互反律的应用，直到1874年，那时他已64岁了。

这些高度抽象的研究是他最感兴趣的领域，他对自己说："为了更准确地说明我个人的科学态度，我可以适当地把它称作理论……我特别努力得到这样的数学知识，它们无须涉及应用就能在数学中找到适当的地位。"

库默尔不是狭隘的专家，他多少有点像高斯，对纯粹数学和应用科学两方面同样喜爱。他发展了高斯关于超几何级数的工作，这些内容在今天的数学物理学里最经常出现的微分方程理论中十分有用。

此外，库默尔根据哈密顿在光学射线组的精彩工作，提出了一个以他的名字命名的四次曲面发现；到了20世纪30年代，阿瑟·爱丁顿爵士又发现，库默尔的曲面与量子力学中的狄拉克波动方程有一种亲缘关系。

库默尔牢记母亲当初为了让他受教育做出的种种牺牲和努力，他继承了这种精神，不仅成了他学生们的老师，更成了他们可以依靠的"父母兄弟"，许许多多年轻人在遇到困难的时候，库默尔都对他们施以援手。有一次，一个即将参加博士学位考试的贫困年轻数学家不幸得了天花，被迫回到他在俄国边境的家中休养。他离开后没有跟任何人联系过，但是大家都知道他贫穷至极。库默尔得知这个消息后，立即通过这个学生的一个朋友，给他寄去了治疗天花的费用，他还让学生的这个朋友去查看了这个学生的状况。

在教学中，库默尔以他朴实的比喻和富于哲理的独白而闻名。为了充分说明在一个表式中的特殊因子的重要性，他说："如果你们忽视了这个因子，那就会像一个人在吃梅子时吞下了核，却吐出了果肉。"

库默尔人生中的最后9年是在完全退隐的状态中度过的。当他退休时，他就永远放弃了数学。除了偶尔去他少年时代生活的地方旅行，他过着极严格的隐居生活。然而，库默尔最后的时光是幸福的，他跟妻子生育了9个孩子，每个孩子都健康长大，所以当他去世时，他被家人环绕着，了无牵挂地离开了这个世界。

1893年5月14日，库默尔因患流感而离世，终年83岁。

11

戴德金

Julius Wilhelm Richard Dedekind

我的大多数读者会大失所望地得知，由于这个平凡的观察，连续的秘密就要被揭开了。

——R. 戴德金

$x_1a_1 + x_2a_2 + x_3a_3 + x_4a_4 + x_5a_5 + x_6a_6 + x_7a_7 + x_8a_8 + x_9a_9$
$x_{15}a_{15} + x_{16}a_{16} + \dots \dots + x_na_n$

库默尔在算术上的后继者是尤利乌斯·威廉·里查德·戴德金。同库默尔一样，戴德金也很长寿，去世前不久，他仍在数学上进行十分活跃的创造性活动。他是德国乃至世界极为伟大的数学家和极具创见的人之一。正如他的一位朋友埃德蒙·朗道在 1917 年格丁根皇家学会的纪念演讲中所说："里查德·戴德金不只是伟大的数学家，而且是数学史上过去和现在最伟大的数学家中的一个，是伟大时代的最后一位英雄，高斯的最后一个学生。40 年来，他本人就是一位经典大师，从他的著作中，不仅我们，就连我们的老师、我们老师的老师，都汲取过灵感。"

里查德·戴德金跟高斯是同乡，于 1831 年 10 月 6 日出生在德国的不伦瑞克，他是家里 4 个孩子中最小的一个。他的父亲尤利乌斯·莱温·乌尔里希·戴德金是一名法学教授。由于戴德金的传记的作者是一名古板的德国人，按照古老的日耳曼习俗，他删掉了关于戴德金母亲的所有内容。所以，到今天为止，我们也不知道他的生母叫什么名字。

7 岁到 16 岁，戴德金在家乡完成了中学学业。在这个时期，他没有显示出明显的数学天才，也没有任何证据表明他有这方面的天才。实际上，戴德金最早喜欢的是物理和化学，他把数学当作科学的一种辅助工具，而非科学主流学科。但是，17 岁时，他在物理学的推理中发现了很多漏洞，便认为物理、化学这种经验科学不可靠，从而转向了逻辑更为严密的数学。

1848 年，戴德金进入了卡罗林学院，这所学院也曾为年轻的高斯提供了学习数学的机会。两年时间里，戴德金掌握了解析几何、高等代数、微积分学和高等力学的原理。因此，19 岁进入格丁根大学时，他已经做好了正式开始数学研究的准备。指导他的教师主要是莫里茨・亚伯拉罕・斯特恩、高斯和物理学家威廉・韦伯，其中斯特恩曾经在数论领域发表过很多文章。在三位老师的指点下，戴德金全面扎实地学到了微积分学、高等算术原理、最小二乘法、高等测地学和实验物理的知识。

在格丁根学习期间，戴德金学到的知识虽然能满足他取得教师资格证书的需要，对于从事数学事业却显得微不足道。让他感到惋惜的是，一些重要学科他还没有接触到。于是，在取得大学学位后的两年时间里，戴德金通过刻苦自学，去柏林大学听雅可比、施泰纳和狄利克雷的精彩演讲，补上了椭圆函数、现代几何、高等代数和数学物理学的知识。

1852 年，21 岁的戴德金通过一篇关于欧拉积分的短论文，从高斯手里获得了他的博士学位。这篇论文的价值并不大，不足以显示出戴德金的天才之处，但是高斯对这篇学位论文的意见很有意思：“由戴德金先生完成的这篇论文是关于积分学的研究的，它绝不是平凡的东西。该论文不仅显示出作者对有关领域具有丰富的知识，还预示着他将来成就的独立性。作为一篇获得考试许可的考查文章，我认为这篇论文是完全令人满意的。”高斯显然在这篇学位论文中看出了比其他人更多的东西，也许他和这位年轻作者的密切接触，使他能够从字里行间读出戴德金富有洞察力的独立性。

1854 年，戴德金被任命为格丁根大学的无薪俸教师，他担任这个职位达 4 年之久。1855 年，高斯去世，狄利克雷从柏林迁往格丁根。在格丁根的后 3 年，戴德金听了狄利克雷关于数论的最重要的讲座。后来，他在编辑狄利克雷数论的著名论著时，增加了“第十一附录”，里面包括了他自己关于代数数理论的划时代思想，并对高斯数论做出了全新诠释。值得称赞的是，戴德金把这一切归功于狄利克雷。与此同时，戴德金还与崭露头角的黎曼成了好朋友。

伟大的黎曼一生朋友寥寥，戴德金、狄利克雷、韦伯算是交往最深的好友，但狄利克雷、韦伯都可算是黎曼的老师了，同辈中可以说戴德金是与他交情最好的朋友。戴德金可以算是黎曼的同门师弟，共同受业于伟大的高斯和狄利克雷门下。戴德金很佩服黎曼，曾经去上过黎曼关于阿贝尔函数理论的课，并最终在此领域做出了伟大贡献。但戴德金对黎曼的几何观点似乎有些不以为然。戴德金和黎曼堪称前格丁根时期的数学双子星，不过两人的学术风格泾渭分明，黎曼是典型的几何形象思维，戴德金是典型的代数抽象思维。黎曼去世后，戴德金是《黎曼全集》的编辑之一，并为黎曼写了一篇小传，算是目前为止极为客观的黎曼传记之一。

戴德金在大学讲的课大部分是初等课程，但是在 1857 至 1858 年，他为泽林和奥维尔斯两个学生开了一门关于伽罗瓦方程理论的课，这应该是伽罗瓦理论第一次出现在大学课程中。

1857 年，26 岁的戴德金被任命为苏黎世联邦理工学院的常任教授。执教 5 年后，他又回到不伦瑞克工学院担任一名普通的教授，随后在那里工作了半个世纪之久。

在我们开始了解戴德金数学上的贡献之前，先来看看什么是环。

环是一类包含两种运算（加法和乘法）的代数系统，是现代代数学十分重要的一类研究对象。环的种类有很多：整数集、有理数集、实数集和复数集关于普通的加法和乘法构成环，分别称为整数环 Z、有理数环 Q、实数环 R 和复数环 C；n（n⩾2）阶实矩阵的集合 M_n（R）关于矩阵的加法和乘法构成环，称为 n 阶实矩阵环；集合的幂集 P（B）关于集合的对称差运算和交运算构成环；等等。

乍看起来，环和群似乎很相似，但实际上它们是不同的东西。比如说要定义一个群非常简单，只需要 4 条公理：封闭性、结合律、单位元和逆元。域则是一个更加复杂的概念，它的定义需要 10 条公理，而且它的基本合成方式不止一个，而是两个：加法和乘法。相对来讲，环是介于群和域之间的存在，它比群复杂一点，但比域简单许多。我们以一个例子来说明一下，比如整数的集合记为 Z，包括所有正整数和负整数，以及 0，比如：

–3，–2，–1，0，1，2，3…

这个集合左右两边都可以无限延伸，试着想一下，你可以在其中进行加法、减法和乘法运算，其结果依旧在这个数列当中。以加法为例，比如 a+b，a 和 b 都是这个集合中的一个子集，那么它们的和也必定落在这个集合之中，减法和乘法也是一样。但是除法就不同了，比如取 2、3，无论是$\frac{2}{3}$还是$\frac{3}{2}$，都是小数，其结果就不在这个集合中。因此，Z 就不是一个域，因为它不满足除法运算。

实际上，有很多数学对象和 Z 一样好玩，比如多项式 x^3+x-5 和 x^2+6，它们相加得 x^3+x^2+x+1，还是一个多项式；相减得 x^3-x^2+x-11，依旧是一个多项式；或者相乘，其结果也是一个多项式。但若是将它俩相除，无论哪个除以哪个，都不一定能得到一个多项式。因此，在这个例子中不能做除法。但是在其他一些例子中，除法运算可以用，比如多项式 x^2-4 与 $x+2$，我们用前者除以后者，得结果 $x-2$，它还是一个多项式。正如我们可以在 Z 中取两个数 6 和 2，前者除以后者得 3，落在 Z 中，也是一个整数。

因此，这种可以进行加法、减法和乘法三种运算而不能做四则运算的就叫环。戴德金对代数学的贡献主要体现在三个方面：第一，他给出了“理想”的概念；第二，他与韦伯一起开创了函数域理论的研究；第三，这可能是最重要的一点，他开启了代数公理化的过程。所谓的“理想”，就是一种子环，它是一个由数或多项式构成的集合，在加法、减法和乘法运算下是封闭的，嵌在相同类型的一个更大的集合中。

关于“理想”，有这样一个特性：如果任选其中一个元素，将这个元素与大环中的一个元素相乘，其结果仍然在这个子环中。比如整数环 Z，给出任意倍数 2，那么之前那个集合就是一个“理想”，即 –6、–4、–2、0、2 、4、6……这个理想就是由形如 2m 的整数组成的，m 是任一整数。比如 6，乘以大环中任意的数，比如 5，其结果 30 依旧在“理想”中。这里举的例子比较简单，因为 Z 本身就容易理解。如果是其他环呢？或者说当其涉及复数的时候，情况将变得极其复杂。

自从环问世，大家就都想找出它的实际应用，一直到第一次世界大战之后，环才算成熟，带来了清晰连贯的理论，涵盖了所有这些领域，并使它们建立在稳固的公理化基础之上。

除此之外，戴德金还提出了戴德金分割。所谓的分割，简单来讲，就是想象一条直线，将直线上的所有点分成两类。首先，每个类里面都不能为空，且每个点都恰如其分地属于一个类。如果第一类的点都在第二类的点前面；或者在第一类中存在这样一个点，使得第一类中其余的点都在它前面；再或者，在第二类中存在这样一个点，使得第二类中其余的点都在它后面。这时，就可以将这个点称为决定直线的戴德金分割率。

戴德金用有理数分割方法证明有理数的不连续性。假设$\sqrt{2}$是有理数，是分割的界数，而事实上这是不存在的，所以此时数轴上就出现断点（无理数行形成的断点），而断点左右的有理数其实是真正的界数，这个界数在原先的假设中既属于左集，又属于右集，因此矛盾。戴德金和高斯一样，认为算术的真理应该来源于概念而不是记号。

后半生，戴德金一直待在不伦瑞克，他非常长寿，甚至活到了 20 世纪。但他生性低调，不喜声张，以至于很多人都以为他已经去世了。托伊布纳在自己的《数学家年表》中将戴德金列入了已去世的名单，还写上了他去世的日期：1899 年 9 月 4 日。戴德金看了觉得又好气又好笑，便给编辑写信说："日期可能是对的，但年份肯定是错了。根据我自己的备忘录，我极其健康地度过了这一天。"

1916 年 2 月 12 日，戴德金去世，享年 85 岁。他终身未婚，一直和小说家姐姐尤莉叶住在一起。

12

庞加莱

Henri Poincaré

一个名副其实的科学家，尤其是一个数学家，在他的工作中会感受到与一个艺术家同样的感受：他会感到巨大的愉快。

——亨利·庞加莱

写在传记前的两个小故事

19 世纪 80 年代初，欧洲各种数学杂志的编辑们就应接不暇地收到了关于分析学一个新分支的文章，这些成熟而有创见性的文章都出自一个人之手，他就是庞加莱。1885 年，西尔维斯特拜访了这位年轻的数学家，当见到庞加莱时，他几乎无法开口说话，只是赞赏地注视着对方，久久移不开目光。在此引用西尔维斯特自己的话："当我最近在盖－吕萨克街那通风的休息处拜访庞加莱时……在那个被抑制的智慧的伟大的蓄积者面前，我的舌头一下子失去了功能，直到我用了一些时间（可能有两三分钟）仔细端详和接受了可谓他思想的外部形式的年轻面貌时，我才发现自己能够开口说话了。"

西尔维斯特在另一本著作中，描述了他辛辛苦苦地爬上通往庞加莱住所的三层窄楼梯后，停下来擦着他那硕大的秃头时，看到的不过是一个年轻貌美的孩子。当时他惊奇得不知所措，随后他便预言庞加莱将是柯西的后继者。

第二个故事也很有意思。在第一次世界大战期间，一位爱国的英国将官问伯特兰·罗素，法国现代产生的最伟大的人物是谁，罗素立刻答道："庞加莱。"

"什么？那个家伙？"那位将官喊道，他认为罗素说的是法兰西共和国总统雷蒙·庞加莱。

"噢，"当罗素明白了那个人惊愕的原因后，他解释说，"我想到的是雷蒙的堂兄弟，亨利·庞加莱。"

庞加莱是继高斯之后，拥有纯粹数学和应用数学全面知识的最后一个数学通才，是被公认的19世纪后期、20世纪初期的领袖数学家。

数学的演化既有膨胀，也有收缩，有点像勒梅特的宇宙模型。目前，数学处于爆炸式膨胀状态，任何人想要熟悉1900年以来的全部数学知识，是完全不可能的。但是，在某些方面，它是收缩状态的。比如，在代数中，公设法的全面采用，立刻使得这个学科更抽象、更一般、更连贯，那么下一代的代数学家将无须知道许多现在被视为有价值的东西，因为这些内容将被归入范围更广阔的、较为简单的一般性原理。

在膨胀中收缩的另一个例子是，与向量分析的各种各样的用途相比，张量分析的应用有了迅速的发展。而张量分析的高度浓缩和大范围推广，让每个学生都能轻松掌握有价值的真理，这种范围广大的普遍性特性，正是庞加莱著作中的一个卓越特点。

在讲述庞加莱生平之前，需要回顾他的一个特点：庞加莱在清晰讲解数学方面有着过人的天赋。1902年，他作为一个伟大的专业数学家的地位牢不可破，虽然对科学和数学的哲学深意有着浓厚兴趣，但他开始投身于数学普及的浪潮，真诚热心地与非专业的人们一起分享数学，这让庞加莱能深入浅出地向普通人讲述数学中比技术更重要的东西。在庞加莱的时代，在巴黎的公园和咖啡馆里，总能看到工人、女店员这些普通的劳动者在阅读数学的通俗读物。这些书被译成英文、德文、西班牙文、匈牙利文、瑞典文和日文出版，而这些都要归功于庞加莱。由于推广了数学的通俗著作，庞加莱被授予法国作家所能得到的最高荣誉——成为法兰西学院文学部院士。

除此之外，庞加莱对数学的创造心理也非常关注。

天才初现

1854 年 4 月 29 日，亨利·庞加莱出生于法国洛林的南锡，他的家族中不乏名人。他的祖父在 20 岁时参加了拿破仑 1814 年发动的战争，隶属于圣康坦的陆军医院，1817 年在鲁昂定居之后，结了婚，生了两个儿子：1828 年，大儿子莱昂·庞加莱出生，后来成为一名第一流的医生和医师公会的成员；二儿子安托万成了公路及桥梁部门的总检查官。

莱昂就是亨利的父亲。而安托万有两个儿子：雷蒙从事法律，在第一次世界大战期间升任法兰西共和国总统；另一个儿子则成了中等教育局局长。庞加莱祖父的一个兄弟跟随拿破仑入侵俄国，在莫斯科大败后音信全无。

从庞加莱漂亮的家族表来看，人们可能会认为亨利会显现出一些管理才能。但是并没有。他在童年时代发明了一些供他和妹妹、小朋友们玩耍的政治游戏，可在这些游戏中他总是极其公正，确保每个玩伴都能公平地“当官”。这也许是“从小看大，三岁看老”的一个佐证，庞加莱天生不懂得最简单的管理原则，他的堂兄弟雷蒙却会本能地运用这些原则。

根据庞加莱的传记的作者加斯东·达布记载，他的母亲可能姓朗努瓦，她灵敏聪明，将全部的精力都放在了亨利和他妹妹身上。他妹妹后来嫁给了埃米尔·布特鲁，他们的孩子后来也成为一个数学家。

亨利很早就学会了说话，但他说得很糟糕，因为他想得比说得快。刚开始学习写字时，他就左右手都会用，可惜两只手写的字都很糟糕。他这种运动协调性差的毛病，终生都没有摆脱。像他这种差劲的身体灵活度，如果去参加当时著名的心理学家比奈的智力测试，说不定会被判定为低能儿。

5 岁时，亨利因患上白喉，健康受到严重影响，喉咙麻痹达 9 个月之久。这次生病使他的身体变得虚弱，性格变得胆小，而且不能参加同龄孩子们都喜欢的活泼游戏，只能沉浸在自己的世界里。

小庞加莱最喜欢的娱乐是阅读，并展现出了非凡的才能——他阅读的速度非常快，还能过目不忘。他能说出书中某个情节出现在第几页和第几行，这种超强的记忆力，他保持了终生之久。欧拉也有类似的视觉记忆或空间记忆能力，只是比不上庞加莱。

衰弱的视力又给庞加莱卓越的记忆力增加了第三个奇特之处。大多数数学家主要依靠视觉记住定理和公式，而庞加莱视力太差了，在学校学习高等数学时，几乎看不清黑板，他便坐在那里依靠听觉记忆。

瞬时记忆、长效记忆，以及听觉记忆，是庞加莱非凡记忆力的三大特征。这些能力对于绝大多数人是不太可能同时具备的，对庞加莱而言却与生俱来。

除此之外，他还具有一种“内眼”的生动记忆力。他的许多工作跟黎曼的很像，需要有敏锐的空间直觉和转化为实际形象的能力，这种“内眼”记忆力则能帮助他洞察抽象的空间。

当然，庞加莱不是全能的。肢体动作的不协调，妨碍他去实验室做实验。如果他再能掌握实验能力，那他在数学物理学上的一些工作就会与现实更接近。强有力的实验科学加上理论知识，也许会让庞加莱跟阿基米德、牛顿和高斯齐肩。

庞加莱的小学成绩非常优异。此时，他并没有对数学表现出任何明显的兴趣。他最早热爱的是自然史，终生都是动物的伟大爱护者。他第一次使用步枪时，打偏了的子弹不小心射下了一只鸟。这件事对他造成了很深的影响，以至于从那以后，庞加莱不再碰触火器。

9 岁时，庞加莱递交了一篇形式和内容都很新颖的短文，得到了法文作文教师的赞美。老师称它为一篇“小小的杰作”，并把它作为一件宝贝保留了起来。同时，老师劝告庞加莱，如果他希望给学校的主考人留个好印象，文章就需要写得再平常一些。

所有的功课对庞加莱而言都像呼吸一样容易。于是，他把大部分时间用来玩耍和帮助母亲做家务。童年时期，庞加莱就表现出了数学家们少有的“心不在焉”，比如他常常忘记吃饭，几乎总也记不住自己是否吃过早饭。

成名后，庞加莱还有个“心不在焉”的经典事例。有一次，一位著名的数学家从遥远的芬兰来到巴黎，要跟庞加莱商量一些科学问题。女仆通报时，庞加莱正在思考数学，他没有离开书房去欢迎这位来访者，而是一连三个小时不停地踱来踱去。整段时间，那位谦虚的来访者一直安静地坐在隔壁的屋子里，与这位大师只隔着薄薄的门帘。最后，门帘掀开了，庞加莱水牛般的大脑袋探进房间:“你大大打扰了我。”说完，他便又消失了，来访者没有被接见就离开了。这个例子也被当作庞加莱晚年脾气暴躁的佐证，然而他的确是因为太过于投入而忽略掉了数学之外的所有事。

才华横溢和零分

庞加莱 15 岁时显现出了对数学的热情，并且在研究数学时，有一个保持终生的特点：在想着数学的时候，他总是不停地踱来踱去，而且只有把所有问题都想好，他才会动笔写下来。在他工作时，谈话或其他嘈杂的声音从来不会干扰他。

在中学时代，庞加莱的古典文学就非常好，所以他写数学论文都是一挥而就，只在写作时做极少数的几次删改，然后就再也不会查看这篇文章。这样做的缺点就是庞加莱总是在写完一篇文章后，为它的形式或者内容懊悔。由于写得太快，他的文章里总是有匆忙写就的痕迹，会省略很多证明的细节，因此庞加莱又有

“小费马”的称号。

1870 年，庞加莱 16 岁时，普法战争在法国领土上爆发了。年纪小、体质弱，令庞加莱逃脱了服兵役的命运，但是战争的恐怖以另外一种形式把他淹没了。庞加莱居住的地方南锡完全被卷入了侵略战争的浪潮，他不得不跟着他做医生的父亲，乘着救护车不停地救治病人。后来，他又跟着母亲和妹妹，在炮火连天的情况下，到阿兰西去看望外祖父母。由于阿兰西靠近圣普里瓦的战场，为了能够顺利到达城镇，他们三人不得不在严寒中穿过被烧毁了的荒芜村庄。到达目的地后，庞加莱看到的是一个被抢劫一空的家。曾经，他在外祖父宽敞的乡村花园里度过了童年最幸福的时光。如今，这里满目疮痍，家里值钱的、不值钱的东西都被抢夺一空，到处都像野兽入侵般又脏又乱。外祖父母失去了一切，就连晚饭都是一位贫穷的妇女提供的。

庞加莱永远忘不了这件事，他也忘不了南锡长期被敌人占领着。庞加莱急于知道法国的消息，又急于知道德国人对法国会怎样处理。于是，在战争期间，他学会了德语，这样他就能从入侵者的官方报道中知道一切消息。战争让庞加莱成长为一名爱国者。

1871 年，17 岁的庞加莱参加了他第一个学位的考试，出人意料的是，他数学差一点没有通过！原因是他迟到了，考试时有些慌乱，在收敛几何级数求和公式的简单证明上失败了。尽管如此，主考人仍宣称：“除庞加莱，其他学生本来应该都得不及格的。”

接着庞加莱准备了林学院的入学考试。在这所学校中，同学们认为他是个吊儿郎当的人，在正式考试前预考了他一次。他们选出一个四年级的学生，用一道看起来特别难的数学题来刁难他。结果，庞加莱想都不想，立即给出了答案，让那群想看他笑话的同学一头雾水："他是怎么解出来的呢？"庞加莱的一生不乏相似的事情，当那些难住别人的数学题出现在他面前时，他好像从来不思考，"答案像一支箭似的飞了出来"。

后来，他考入综合理工大学，名列第一。这里有个关于庞加莱考试的传说。一个主考人事先得知庞加莱是个数学天才，于是他把考试推迟了 45 分钟，以便能精心设计一道"好"题，难住庞加莱。但是，庞加莱战胜了这位主考人，对方不得不说："热烈地祝贺考生，告诉他，他赢得了最高分。"

在综合理工大学时，庞加莱在数学方面才华横溢，却在所有体育科目和绘画上显得极其糟糕，他的画甚至以"画什么不像什么"而闻名。最令人无法想象的是，庞加莱入学考试的绘画成绩为零分，这让他差点没法上学，因为有零分科目是不能被录取的。这让他的主考人大伤脑筋："除了绘画和体育，他的其他科目是无可匹敌的。如果他被录取，将是第一名。但是，他能被录取吗？"为了让这位天才顺利进入综合理工大学，主考人只好给他的绘画成绩打了 0.1 分。糟糕的绘画技巧，让庞加莱在学习几何的时候表现出严重缺陷的一面，导致他失去了学校第一名的位置，变成了第二名。除此之外，庞加莱在班里非常得人心。

寻找数学的方向

1875 年，21 岁的庞加莱离开了综合理工大学，进入了高等矿业学校，打算当一名工程师。在这里，他除了认真专注地学习专业课，还留出了一些空暇去研究数学。他在着手解决微分方程的一个问题上，显示了卓越的能力。

3 年后，他向巴黎的科学院提交了一篇同一题目的论文，作为数学博士论文，但是这篇论文涉及一个更困难也更一般的问题。当被派去审查这项工作的达布要求庞加莱解释或修改其中的一些内容时，庞加莱早就去忙着解决其他更重要的问题了。对此，达布说："第一眼我就清楚地看出这篇论文是不同寻常的，很有价值。它所包含的结果足以为几篇好论文提供材料。但是，如果要求庞加莱对他的工作方法提出一个精确的想法，那么很多地方需要修改或解释。他是一个直观主义者，一旦到了顶峰，他就不再追溯步骤。他满足于闯过难关，把通向尽头的坦途留给别人。当我要求他做必要的修正和整理时，他向我解释说，他脑子里有许多其他想法，已经在忙着一些大问题了。他会把解答给我们的。"

年轻的庞加莱就像高斯一样，被围攻他头脑的大量想法压倒了。与高斯不同的是，他的座右铭不是"宁缺毋滥"，而是一有发现就会迅速发表。一个有创造力的科学家把他的劳动果实储藏了很久，以至于它们中的一些已不新鲜了；比较性急的人则把采集到的一切不论生熟都散播出去，让风和气候带它们落到可能成熟、可能腐烂的地方去。前一种人对科学进展所做的贡献是否比性急的人更多呢？这个问题怕是仁者见仁，智者见智了。

庞加莱注定不会成为一个矿业工程师，但是他在见习期间表明了他至少有真正的工程师的勇气。在一次造成 16 人死亡的矿井爆炸和着火事故发生后，他立即跟着救援人员下井救助受伤的矿工。不过这个职业同他的志趣不合，他期待他的学位论文和另一项早期工作能为他开启成为专业数学家的大门。1879 年 12 月 1 日，他的第一次学术任命是在卡昂大学担任数学分析教授。两年后，他被调到巴黎大学。1886 年，他再次晋升，在巴黎大学负责力学和实验物理课程。除了去欧洲其他地方参加科学会议，以及 1904 年作为圣路易斯博览会邀请的演讲人去美国访问过一次，庞加莱一直住在巴黎，他成为法国数学的统治者。

庞加莱的创作时期开始于 1878 年写学位论文，终止于 1912 年逝世，当时他正处在数学力量的顶峰。在这短促的 34 年里，他写了近 500 篇关于新数学的文章，再考虑到其工作难度，简直令人不可思议。庞加莱的研究有很多是范围广泛的研究报告，还有 30 多部包含了数学物理学、理论物理学和理论天文学的著作。这还没有计入他关于科学哲学的那些名著和一些通俗文字。如果谁能对这个庞大的劳动量有一个恰当的概念，就必须可以成为第二个庞加莱。在此，我们选取他最著名的研究中的两三种，加以简单论述。

庞加莱的第一次成功是在微分方程理论方面，他把分析学的全部方法应用于微分方程，他绝对是分析学的大师。自牛顿以来，微分方程吸引了众多数学工作者，这主要是因为它们在物理世界探索中具有重要性。关于纯数学和物理应用之间的关系，傅立叶的一段名言做出了总结：“对自然的深入研究，是数学发现的最丰厚的源泉。这种研究通过提出一个供研究的明确目标，不仅有排除含糊的问题和无用计算的优点，还是一个形成分析本身和发现分析中那些原理的可靠方法。了解这些原理是必要的，科学总应该保存它们。这些基本的原理，就是在自然现象中反复出现的那些原理。”

庞加莱赞成这种说法，并且在大部分工作中遵循它。甚至他对数论的研究，也多多少少受到更接近于物理科学的数学研究的间接鼓舞。

1880 年，庞加莱在微分方程上做出了他的第一个最好的发现，即自守函数。所谓微分方程，是含有未知函数的导数的等式；解微分方程就是求出未知函数。微分方程与它的解——函数——密切相关。研究微分方程时发现的自守函数，是三角函数与椭圆函数的推广。三角函数的周期性是一种平移变换下函数的不变性。椭圆函数有两种周期，它在两种平移变换下不变。庞加莱要找的自守函数，是在某一类分式线性变换下不变，而这类变换构成一个群。他找到的自守函数中有一类被他称为富克斯函数。庞加莱求索富克斯函数的经历，是一个颇为典型的数学创造过程。最初，有两周以上的日子，他每天研究一两个小时均无进展，以至于怀疑这种函数的存在性。一天晚上，他反常地喝了一大杯未加牛奶和白糖的所谓的黑咖啡，久久不能入睡，各种想法纷至沓来。他终于恍然大悟，明白确实存在要找的函数。次日，从与椭圆函数相类比出发，他顺利地构造出一种由超几何级数构成的富克斯函数，它们在相应的富克斯变换下不变。后来因地质考察，庞加莱中断了这项研究。一次考察途中，庞加莱换乘公共汽车，在庞加莱的脚迈上汽车踏板的一刹那，一种想法突然闪现在他的脑海里：上次的富克斯变换与一种非欧几何变换等价。回到卡昂，通过推理，他证明了换车时产生的想法是正确的。但在进一步研究时，他遇到了障碍。无奈之下，他去海滨休息了几天，一种想法又蓦地浮上心头：一种二次型的数论变换与那非欧几何变换也是等价的。再回到卡昂后，庞加莱仔细分析二次型的例子，终于看出，存在不同于以前由超几何级数构成的另类富克斯函数。往下，任务就是构造新的富克斯函数。他有条不紊地解决了所有外围的问题。核心难题的解决不能指望一蹴而就。因服兵役，庞加莱又中断了研究，在外面四处奔波。一天，庞加莱穿过一条大街时，挡住他通向胜利终点的难题的解答，突然出现在他脑海中。他警觉地停止思考，以免与疾驶过来的马车相撞。实际上直到服役结束，他才得以全面展开研究。由于素材齐备，后期工作并无多大困难。他关于富克斯函数的第一篇论文终于完成，并在 1882 年发表。

在这篇论文的写作过程中，“有意识的研究—潜意识的活动—有意识的研究”，这样的思维运动模式清晰可辨。从中可以看出，研究不会一帆风顺，认识的飞跃需要积累。

虽然庞加莱的自守函数论文并未立即为数学界所普遍理解，还受到克罗内克等人的怀疑和指责，但是历史表明，庞加莱的自守函数理论揭示了分析学与几何、代数和数论的内在联系，表现了数学的统一性，对现代数学影响巨大。后来庞加莱提出多复变函数，促成了多复变自守函数、自守形式和模形式理论的发展。20 世纪末，怀尔斯证明费马大定理时，就运用了模形式理论。

三体问题

1877 年，美国著名数学家希尔发表文章论证月球近地点运动具有周期性，却因其论证理由不充分而受质疑。庞加莱证明了希尔推理中的收敛性，从而完善了希尔理论，希尔理论遂受赞扬并获奖。庞加莱由此对天体力学，特别是三体问题，产生了浓厚的兴趣。地球与日、月的关系就是典型的三体问题；在数学上，它是含有 9 个方程的微分方程组，在一般条件下无法求其精确解。庞加莱认识到，研究三体问题必须另辟蹊径。他想，人们关注地球与日、月的关系，是担心地球与月球碰撞，或者地球不断靠近太阳，或者地球不断远离太阳。如果发生这类情况，后果不堪设想。杞人忧天并非毫无道理。假如求出精确解，也就是得到天体位置随时间变化的公式，就能知道会不会发生那些灾难。但是这并不是说要得到结论非有精确解不可。庞加莱进而明确：要放下精确解这个包袱，设法了解天体轨道的性质和形态。于是他走上了用几何方法从整体上把握解的性质形态，建立微分方程定性理论的道路。

1887 年，瑞典国王奥斯卡二世悬赏征求著名 N 体问题的解答。N=2 时的二体问题前人早已解决，N=3 时的三体问题是人们关注已久的焦点。庞加莱将微分方程定性理论应用于三体问题研究，在 1889 年应征的论文中运用渐近展开与积分不变性方法，深入研究了轨道在奇点附近的性质形态。尽管庞加莱没有在传统意义上解答 N 体问题，但三体问题确实因此取得了重大突破，太阳系的相对稳定性得到确认。

魏尔斯特拉斯、埃尔米特和米塔－列夫勒组成的评审团高兴地把奥斯卡奖——2500瑞典克朗和一枚金质奖章，授予庞加莱。魏尔斯特拉斯在给米塔－列夫勒的信中写道："您可以告诉您的国王，这项工作不能被视为悬赏征解问题的完美解答。然而它具有这样的意义：它的发表为天体力学开创了一个新时代。因此可以认为，陛下预期的公开竞赛的目的达到了。"作为应征论文的引申，庞加莱后来完成的三卷《天体力学的新方法》闪耀着定性的拓扑思想光辉，开创了天体力学的新纪元，对数学和自然科学做出了重大贡献。

达布对《天体力学的新方法》发表了看法，说它确实开创了天体力学的一个新时代，它可以与拉普拉斯的《天体力学》和达朗贝尔早期关于岁差的著作媲美。"沿着拉格朗日开创的分析力学的道路，"达布说，"……雅可比建立了一个看起来是动力学中最完整的理论。50年来，我们依靠这位杰出的德国数学家的那些定理，从各种角度应用它们、研究它们，但是没有添加任何本质的东西。正是庞加莱第一次打破了装着这个理论的僵硬框子，为它设计出客观世界的前景和新的窗口。他在动力学问题的研究中引进或使用了不同的概念：首先是变分方程，即决定某一问题的无限接近一个已知解的解答的线性微分方程，这个概念以前就有，而且不仅仅可以被应用于力学；其次是积分不变式，这完全属于他，并在这些研究中起了重要作用。再加上其他一些基本概念，特别是涉及所谓'周期解'的那些概念……"

周期解的概念开创了对周期轨道的研究。比如说，给定一个行星或一个恒星系统，以及该系统中所有成员在某一确定时刻的初始位置和相对速度的完整数据，要求确定在什么条件下该系统会在稍后的某一时刻回到它的初始状态，从此无限地重复它的循环运动。无须说，这个一般的问题还没有完全解决。

在物理学上的伟大成就

声名显赫的数学家庞加莱在巴黎大学长期讲授力学、物理或者数学物理、天文理论。自然课、物理课是他从小就喜欢的。

在 20 多年的物理教学研究中，庞加莱对很多物理问题产生了浓厚的兴趣。1858 年，普吕克尔发现的阴极射线究竟是什么？庞加莱猜想它是由某些粒子组成的。可惜他没有做实验研究，未能证实自己的猜想。

1895 年，德国物理学家伦琴做阴极射线实验时又发现了一种未知射线，称之为 X 射线。它穿透性强且使照相底片感光。伦琴把发现 X 射线的通报连同第一张 X 射线照片，就是他夫人的手的影像，于 1896 年元旦寄给科学同行。庞加莱收到伦琴的新年礼物备感振奋，他认为伦琴的发现有力地支持了他的观点。他带着伦琴的礼物去参加法兰西科学院的周会，向大家展示了伦琴夫人的手的指骨和清晰可辨的戒指。科学家们关注的还是学问，物理学家贝克勒耳一个劲地追问庞加莱："射线是从管子的哪部分发出的？"

庞加莱觉得 X 射线是由阴极射线未知的粒子流轰击出的产物。他就回答说："射线好像是从管子中与阴极相对的区域发出的。这部分玻璃发出荧光了。”这使贝克勒耳想到 X 射线可能与荧光有关。次日，贝克勒耳立即实验，考察荧光物质可否发出 X 射线。他一连几周潜心于实验研究，最终发现了重元素铀的放射性。

后来著名科学家居里夫妇继续研究，经过艰苦努力，于次年 7 月和 12 月先后发现了放射性更强的元素钋和镭。在此期间，英国物理学家 J. J. 汤姆孙对阴极射线进行一系列实验研究，在 1897 年 4 月 30 日认定它是带负电的粒子流，证实了庞加莱的猜想，汤姆孙称这种粒子为电子。电子是人类发现的第一种亚原子粒子。X 射线、放射性和电子的发现，开辟了科学的新纪元。庞加莱为此兴奋不已，他欢呼镭是“当代伟大的革命家”。

对于世纪之交的物理学危机，庞加莱不苟同于那些悲观的论调。他肯定以牛顿力学为核心的经典物理学的价值。同时他认为，物理学要摒弃与新实验矛盾的旧观念。在理论物理研究中，庞加莱率先发现狭义相对论。

19 世纪末，一些光学与电磁学实验激发了人们对运动相对性的思考。1898 年，庞加莱发表《时间的测量》一文，实际上提出了光速不变性假设。1902 年，他阐明了相对性原理，即在所有惯性系中，物理规律，包括电磁现象，都相同。1904 年，荷兰物理学家洛伦兹给出两个做相对匀速运动的惯性参照系之间的坐标变换关系。庞加莱将其命名为洛伦兹变换。他阐明了洛伦兹变换的物理意义，并证明这种变换构成一个群，即后来著名的洛伦兹变换群。庞加莱以他深厚的数学功底，在引入虚时间坐标之后，建立了具有正度规的相对论四维时空。这正是 1908 年闵可夫斯基将狭义相对论数学化的精髓。庞加莱的相关论文《论电子动力学》的摘要发表于1905年6月，先于爱因斯坦狭义相对论论文发表。普遍认为庞加莱与洛伦兹、爱因斯坦应共享发明狭义相对论的荣誉。

然而有一次，爱因斯坦与庞加莱在索尔维学术会议上见面了，那是他们唯一的会面。青年爱因斯坦非常希望德高望重的庞加莱能支持自己的相对论。但是那次会议结束后，爱因斯坦非常失望，说："庞加莱不懂相对论。"事实上，庞加莱直到去世也未发表过赞同"相对论"的意见。

中国物理学家杨振宁教授指出，洛伦兹与庞加莱都曾非常接近相对论的发现。但是洛伦兹只有近距离的眼光，没有远距离的眼光，他只重视实验与观测，缺乏哲学思考；而庞加莱只有远距离的眼光，缺乏近距离的眼光，他只重视数学和哲学思考。爱因斯坦则是远近兼有的眼光，因此是他创造了完整的相对论。

数学心理学

受堂弟雷蒙在政界腾达的影响，庞加莱觉得他也应面对公众做点普及工作，于是在1902年、1905年和1908年先后写就了《科学和假说》《科学的价值》《科学和方法》三部著作。庞加莱在书中广泛论述了他的科学哲学思想，包括他对数学创造的本性、数学直觉的作用和数学发展的原动力的理解。

一、数学创造的本性。他在《科学和方法》"数学创造"一章开门见山地写道："数学创造的发生是一个使心理学家强烈感兴趣的问题。它是一种活动，在这种活动中，人类精神似乎从外部世界取走的东西最少，在这种活动中，人类精神起着作用，或者似乎只是自行起作用和按照自己的意志起作用，以至于在研究几何思维的步骤时，我们可以期望达到人类精神的最本质的东西。"

二、直觉在数学创造中的重要作用。庞加莱坦诚地指出："这种直觉，使我们推测到隐藏的和谐与关系。但是这种直觉并不是每个人都具有的。有些人或者没有这种如此难以定义的微妙的感觉，或者没有超常的记忆力和注意力，因此他们绝对不可能理解较高级的数学。这种人是多数。另一些人仅略具有这种感觉，但是他们具有非同寻常的记忆力和高度的注意力这样的天赋。他们将一个接一个地记住各种细节。他们能够理解数学，有时也能应用，但他们不能创造。最后还有些人多少具有所谓特殊的直觉，因此即使他们的记忆力毫无非同寻常之处，他们也能理解数学，而且可以成为创造者，并试图做出发明。其成功的大小取决于这种直觉在他们身上发展程度的大小。"其实对人们在体育和艺术方面的能力的差异，大家都十分熟悉而且易理解。

三、数学发展的原动力，即为什么研究数学。从庞加莱的科学实践看，他与牛顿、高斯和黎曼相似，是把数学与探索自然相联系，重视应用的大数学家。他认为数学物理与纯分析的"精神是相同的，而从实践中，他认识到数学和科学的统一性和事物的复杂性与多样性。特别是对数学创造本性的见解，使他对一时看似无用的纯数学研究持肯定和宽容的态度"。他说："自为的数学是值得耕耘的，我是说，不能应用于物理学的那些理论，像其他理论一样值得耕耘。”庞加莱赞赏数学美的话常被人引用。实际上，他在数学研究中领略到的无与伦比的甘美，难与外人道也就不与外人道了。在科学哲学论述中，他推崇革新精神、自由思想，反对强求一律。他警告人们：“强求一律就是死亡，因为它对于一切进步都是一扇紧闭的大门；而且所有的强制都是毫无成果和令人憎恶的。”

“未完成的交响曲”

在生命的最后4年中，除了令人苦恼的疾病，庞加莱的生活繁忙、平静又幸福。各种荣誉从世界各地的学术团体那里像雨点般地向他飞来。1906年，52岁的庞加莱获得了法国科学家能得到的最高荣誉称号——法兰西科学院院长。所有这一切并没有使庞加莱妄自尊大，尽管在他壮年时期，没有一个对手能够接近他的水平，他仍谦虚地说，与要知道的东西相比，他什么都不知道。

庞加莱的家庭生活非常幸福，他娶了艾蒂安·若弗鲁瓦·圣伊莱尔的曾孙女路易斯·保兰，两人育有一儿三女。庞加莱在家庭生活中得到了许多乐趣，他的爱好之一是交响乐。

1908年，在罗马举行的国际数学大会上，庞加莱因病没能宣读他的演讲《数学物理学的未来》。他的病是前列腺增生，意大利的外科医生们给他做了手术，解除了症状，大家以为他得到了根治。回到巴黎以后，他像以前一样精力充沛地继续工作。但是在 1911 年，他开始有了可能不久于人世的预感。12 月 9 日，他写信给一个数学杂志的编辑，询问是否能接受一篇尚未完成的论文。这可违反了杂志社的惯例——他们只接受完稿的论文。可是庞加莱认为这篇文章极其重要，他已经花费了两年的时间去克服里面的难题，却没有取得太大的进展。“……以我的年纪，我可能不能解决它了，不过现在所得到的结果有可能把研究者们带到新的、意想不到的道路上去……我认为它们太有前途了，我自愿献出它们……”

他猜测的那个定理的证明，能够使他在三体问题上取得惊人的进展，特别是将证明某些情形下的无限多个周期解的存在。在庞加莱的“未完成的交响曲”发表后不久，一个年轻的美国数学家乔治·戴维·伯克霍夫完成了这个证明。

1912 年春天，庞加莱再次病倒。7 月 9 日，他接受了第二次手术。手术是成功的，但是 7 月 17 日，他在穿衣服的时候因血栓梗塞逝世，终年 59 岁。

13
康托尔
Georg Ferdinand Ludwig Philipp Cantor

如同其他一切学科，现在轮到数学在显微镜下向世界揭示它根基上可能存在的弱点了。

——F. W. 韦斯塔韦

O
C
P
D
Q
B

1874 至 1895 年，康托尔创造了集合论，这个发现引起了数学世界的大崩溃。用“崩溃”这个词来描述数学世界正在经历的转变可能有些严重，但科学思想的进化如此之迅猛，很难把它与革命区分开来。

作为绝大多数普通人，我们可能很难去弄清楚数学大师们为之争辩的艰涩话题，但是，我们的确享受到了现代科技发展带来的种种好处——高楼大厦拔地而起，天堑变通途，互联网科技覆盖到生活的方方面面……每项科技进步带来的便捷和高速发展，都离不开数学这门基础学科带来的巨大贡献。

也许数学的变革早在古希腊时期就埋下了根源。数学思想在各个时代、各个领域都有它的代表理论，那个能挑起争论的悖论也许就隐藏在某个思想之中。将康托尔的“实在的无穷理论”这个挑战传统数学推理的催化剂作为这本书的结尾，也许能引发一些思考。在此，我们先引用几位领袖人物的话，来看下他们对“无穷”的看法。

1831 年，高斯表达了他对“实无穷”的恐惧：“我反对把无穷量作为一个完全的东西来使用，在数学中决不允许有这样的用法。无穷只是一种说话的方式，其真正的意义是指某些比值无限地趋近某个极限，而另一些比值可以无限制地增大。”

高斯其实是说，如果 x 表示一个实数，那么当 x 增大时，$\frac{1}{x}$减小。我们能够找到 x 的一个值，使$\frac{1}{x}$与 0 之差为任意预先给定的任意小的值（0 除外）。当 x 继续增大时，该差始终小于这个预先给定的值；“当 x 趋于无穷时”，$\frac{1}{x}$的极限是 0。无穷的符号是∞，认为$\frac{1}{\infty}=0$ 的论断是无意义的有两个理由：“用无穷去除”是一个没有定义的运算，因此没有意义；第二个理由就是高斯所说的，$\frac{1}{0}=\infty$也是无意义的。

康托尔既同意又不同意高斯的见解。他在 1866 年写到实无穷时说：“尽管潜无穷和实无穷之间有本质的差别，前者意味着一个增加到超出所有有限限制的可变有限量，而后者是一个超出所有有限量的固定常量，只是它们太经常地被混淆了。”

1901 年，罗素针对康托尔的无穷做出了如下讲话：“芝诺关心过三个问题……这就是无穷小、无穷和连续的问题……从他那个时代到我们自己的时代，每一代最优秀的智者都尝试过解决这些问题，但是广义地说，什么也没有得到……魏尔斯特拉斯、戴德金和康托尔彻底解决了它们。他们的解答清楚得不再留下丝毫怀疑。这个成就可能是这个时代能够夸耀的最伟大的成就……无穷小的问题是魏尔斯特拉斯解决的，其他两个问题的解决是由戴德金开始，最后由康托尔完成的。”

如果觉得数学大师们的争论过于艰涩，那么让我们走进康托尔的生活，看看他的人生经历，也许这对于我们理解他的“无穷”会有所帮助。

顺从的种子

格奥尔格·费迪南德·路德维希·菲利普·康托尔于 1845 年 3 月 3 日出生在俄国的圣彼得堡，他是家中的长子，父母都有着纯粹的犹太血统。他的母亲玛丽亚·博姆是一位艺术家。父亲格奥尔格·沃尔德马·康托尔是一位富商，出生在丹麦的哥本哈根，但在年轻时移居俄国的圣彼得堡。1856 年，父亲因患肺病移居德国的法兰克福，在那里过着舒适的退休生活，直到 1863 年去世。由于格奥尔格拥有多国国籍，所以俄国、丹麦和德国都能宣称这位伟大的数学家是他们的子民。康托尔本人更喜欢德国，然而德国并没有同样热诚地回应他。

格奥尔格有一个弟弟叫康斯坦丁，他是位出色的钢琴家，还成了一名德国军官，这在犹太人里面可是非常少见的；格奥尔格还有一个妹妹叫索菲·诺比琳，后来成了一位很有成就的设计师。母亲的艺术天分在格奥尔格身上变成了数学和哲学，它既是古典的，又是经院式的。母亲的祖父是一个音乐指挥家，她的一个兄弟住在维也纳，是位音乐家，教出了著名小提琴家约阿希姆；她兄弟的女儿则成了一名画家。在这一家子都是艺术家的情况下，康托尔可谓其中的异类了。

康托尔一家都是基督教徒，父亲皈依了新教，母亲生来就是罗马天主教徒，从未改变信仰。康托尔和他的对手克罗内克一样，更偏爱新教，而且对中世纪神学有一种奇特的分析爱好。他如果没有成为数学家，那么很可能会在哲学和神学方面留下不少著作。有趣的是，耶稣会会士们用他们那跟数学毫不相干的神学比喻，将康托尔的无穷理论当成了对上帝和三位一体的证明。康托尔虽然是虔诚的基督教徒，却依然嘲讽了这种“证明”既自命不凡，又荒谬愚蠢。

像大多数有才华的数学家一样，康托尔的数学天赋在 15 岁之前就得到了承认。他跟随一位私人教师接受了启蒙教育，随后在圣彼得堡的一所小学上学。当全家搬到德国时，康托尔先进了法兰克福的私立中学和达姆斯塔特的非古典式学校，15 岁时进入了威斯巴登中学。

此时，康托尔对数学研究有一种着迷的兴趣。他的父亲也看出了儿子的才能，却顽固地强迫康托尔去学习工程，因为学了工程，以后能更快速、更多地赚钱。1860 年，康托尔在行坚信礼的时候，父亲写了一封信，表达了他们遍布德国、丹麦和俄国的亲戚对他的期望：“他们盼望你能成为特奥多尔·舍费尔那样的人，如果上帝愿意，也许你还能成为工程学天空中的一颗闪光的星星。”

父亲借对上帝的虔诚呼吁，迫使这个敏感又笃信宗教的 15 岁男孩屈服了。康托尔深爱并信任着他的父亲，又对宗教有着虔诚之心，于是他没有像大多数青春期男孩那样反抗父母的命令，而是顺从地接受了。尽管后来顽固的父亲很明显地看出了儿子喜欢数学，做出了让步，允许已经取得中学优异毕业成绩的康托尔去学习数学，但是他在心中已经埋下了自我怀疑的种子——他不敢相信自己的喜欢是不是真正的喜欢，自己的正确是不是真正的正确，以至于他成年后不断怀疑自己的工作价值，不由自主地去顺从那些已经功成名就的人。这种顺从成了康托尔日后万般不幸的根源。

不过，17 岁的康托尔还沉浸在父亲允许他上大学学习数学的喜悦中，他用孩子气的感激口吻写道："我亲爱的爸爸，你自己也能体会到你的信使我多么高兴。这封信确定了我的未来……现在我很幸福。因为我看到如果按照自己的意愿选择，不会使你不高兴。我希望你能活到在我身上找到乐趣的时刻。亲爱的父亲，从此以后，我的灵魂、我整个人，都为我的天职活着。一个人只要去做他渴望做的事情、做他内心的冲动驱使他去做的事情，他就会成功！"

崭露头角

1862 年，康托尔在苏黎世开始了他的大学生活。第二年，父亲去世了，他转学到柏林大学，开始专攻数学、哲学和物理。康托尔对数学和哲学都很感兴趣，对物理学却从来没有任何感情。他的数学指导教师是库默尔、魏尔斯特拉斯和他未来的对手克罗内克。按照德国的习惯，康托尔需要去游学。1866 年，他在格丁根大学待了一个学期。

在柏林有库默尔和克罗内克，数学里弥漫的都是算术。康托尔深入钻研了高斯的《算术研究》，写出了他的博士论文，于

1867 年获得了博士学位。他的论文讨论了高斯留下的关于不定方程 $ax^2+by^2+cz^2=0$ 的 x、y、z 整数解的难点，其中 a、b、c 是任意已知整数。康托尔的论文完成得很好，任何人都能看出作者才华横溢。可是在这篇严谨的经典论文中，没有丝毫天才的痕迹，更没有一点伟大发明者的迹象，任何读到这篇文章的数学家，都想象不到这个 22 岁、行文稳健的年轻人会成为数学史上一个最激进的发明者。

实际上，康托尔在 29 岁以前发表的所有文章都像他的博士论文一样，虽然十分优秀，但是任何从高斯和魏尔斯特拉斯那里充分汲取了严格证明学说思想的有才气的人，都能写出类似的优秀论文。康托尔最早钟爱的是高斯的数论，他被其中证明的困难、严格、清晰和完善吸引到这个理论中来。随后，在魏尔斯特拉斯的影响下，他另辟蹊径，从数论理论进入了严格的分析，特别是三角级数的理论。这个理论充满了难以想象的困难，康托尔被这种困难深深激励了，比同代人更深入地研究分析的基础，这就导致了他对无穷本身的数学和哲学问题的全面研究，因为这些是关于连续、极限和收敛等全部问题的基础。

然而，康托尔在名声、荣誉方面没有获得任何能与他的成就相匹配的东西。1869 年，24 岁的康托尔成了一名无薪俸教师，任职于柏林的一所女子中学。为了获得这份工作，康托尔不得不去听一个在数学上缺乏创见的庸才的教学演讲，然后才能获得国家教师资格证书。1872 年，他晋升为讲师。1874 至 1884 年，康托尔进入了他最伟大、最有创见的多产时期，而他待在了一所三流学院——哈雷大学；1879 年，康托尔被任命为教授，此时对他工作的批评还没有上升为对他恶意的人身攻击。

1874 年，29 岁的康托尔发表了他关于集合论的第一篇革命性论文，同年他与瓦利・古特曼结婚，生了 2 个儿子和 4 个女儿。6 个孩子中，没有一个继承父亲的数学才能。

康托尔夫妇在因特拉肯度蜜月时，常和戴德金交往。戴德金是当时唯一试图了解康托尔的具有颠覆性的学说的一流数学家。可惜的是，在当时德国的数学界，戴德金本人也是个不太受欢迎的人，他自己的整个数学职业生涯就是在平庸的教学职位上度过的，而今天他的工作已经被公认为德国有史以来对数学做出的极为重要的贡献之一。

局外人有时候认为，在科学上，独创性总是会受到热烈欢迎。可是，鲜明的数学史反驳了这个观点：在牢固建立的科学体系中，独创性的意见往往会挑战顽固的正统观念，哪怕这个独创性的观点非常有价值，人们也不愿意接受权威被它推翻。更何况，19 世纪德国学术的理想是“安全第一”，大家都秉持着一种高斯式的极端谨慎。虽然新事物可能并不完全正确，但它应该得到公正合理的对待，而不能因为它没有以正统数学的神圣名义命名，就向它扔砖头。

康托尔的无穷论，正是对过去发展了 2500 年的传统数学的最大挑战，也是最具有独创性的贡献。接下来，让我们看看康托尔的成就。

无穷理论

首先我们来看一下无穷的概念。实际上，无穷包含了两个方面：一个是无穷大，还有一个就是无穷小。高斯是一个非常恐惧无穷的人，他甚至反对将无穷当成一个完全的东西来使用，他自己明令禁止在数学中使用无穷。无穷小还曾引发数学史上的第二次危机，那还是在牛顿－莱布尼茨时代，后来经过一代又一代人的努力，这次危机终于被魏尔斯特拉斯解决了。无穷小的问题解决了，那么无穷大的问题又该怎么办呢？

无穷小、无穷大与连续就像三胞胎，是数学史上的噩梦，最早是由古希腊哲人芝诺释放出来的。连续与无穷大这两个问题由戴德金开始，最终完成于康托尔之手。那么，无穷大是什么呢？

比如，正整数与实数，是否可以在数轴上形成一一对应的关系呢？换句话讲，它俩哪个大呢？在一般人眼里，正整数是无穷的，实数也是无穷的，但这种无穷让人脑袋一片空白，是难以想象的。要知道，结论是它们不是一一对应的，正整数是可数的，实数是不可数的。

那么什么叫作可数？比如，我们来猜一下一碗米饭里有多少粒米，可以从 1 粒米开始猜，一直猜到 1001 粒米。无论有多少粒米，只要一直数下去，就会猜到，因为肯定不会出现 1.7 粒米或者$\sqrt{2}$粒米。虽然理论上一碗米可以有无穷多，但在没有任何限制条件下，它总能具体到某个数字上，这就叫可数。

那么什么是不可数呢？比如在心中默默想着一个数字，然后让别人猜这个数字是多少，同时告诉别人这个数大于 0。这个数该怎么猜呢？它可能是1，也可能是0.1，还可能是0.001，甚至是0.000001，到底要猜哪个，谁的心里也没有底。这就是不可数。

人们发现，实数中不可数的部分要多于可数的部分。那么不可数的部分与可数的部分各自占比是多少呢？比如，实数中可数的部分占30%，不可数的部分占70%。如果这个比值可以算出来，那么实际占比是多少呢？答案是无穷大，也就是说可数部分的占比几乎为0。这也就意味着，尽管实数和整数都是无穷大的，但是实数的无穷大要比整数的无穷大还要无穷大。

整数有无穷多个，把它看成一个集合，那么它就是一个无穷集合，但实数是一个比整数多了无穷倍的无穷集合。或者可以说，整数和实数都是无穷多，但实数的无穷多比整数的无穷多更加剧烈。这种剧烈的程度被康托尔称为“无穷集合的势”。然后，康托尔就一直思考，如果将自然数的集合当作势最小的无穷集合，实数集合的势肯定比自然数集合的势大，那么问题来了，存不存在另外一些集合，它们的势处于两者之间呢？这已经不是单纯地比大小了。

在解释这个问题之前，我们再举个例子。奇数和偶数哪个多呢？答案是一样多。那么，整数和偶数哪个多呢？整数里面包含奇数和偶数，所以整数肯定比偶数多。不对，这个答案是错误的。在集合论中，偶数和整数一样多，因为任意一个偶数都能对应一个整数的数字，只不过它们是两倍的关系，偶数是无穷的，总是能以两倍这样一一对应的整数写下去，这种一一对应关系保证了偶数和整数一样多。

再举个例子，一条线上的所有点和一个平面上的所有点哪个多呢？答案是一样多。甚至一条线上的所有点和一个三维空间里的所有点是一样多的；地球上的所有点和月球上的所有点也是一样多的，虽然地球比月球大了很多。康托尔证明了任何线段不管多么短，都包含着与无限长的直线同样多的点。

这个结论着实令人惊讶。与康托尔同时代的数学家就是在这种惊讶中把他当成了一个疯子，康托尔就是数学界的一个彻彻底底的革命家。

回到之前的问题上，想着想着，康托尔就奠定了整个集合论的根基。他给无穷集合本身下了一个定义，即如果一个集合能够找出一种对应关系，让它能和它的一部分构成一一对应，那么这个集合就是无穷的。至少在逻辑上，无穷被严格定义出来了。怎么理解这个定义呢？比如偶数的集合可以用 2N 表示，且 N 是大于等于 1 的正整数，这就构成了一个一一对应的关系。所以，偶数是无穷的。

康托尔一心一意投入集合论大厦的建构之中，在他 40 岁的时候，就出版了《一般集合论基础》。果不其然，当时几乎所有的数学家都在抨击康托尔，甚至连康托尔的老师都把他当成了一个神经病。提出了庞加莱猜想的庞加莱说："应该把集合论当作一个有趣的病理现象来研究。"

为科学而疯狂

由于康托尔在他的无穷理论中的推理大多是非构造性的，克罗内克把它看作数学的疯狂。因为在克罗内克眼中，数学正在康托尔的领导下走向疯人院。于是，克罗内克狂热地用他所认为的数学真理，猛烈地、恶毒地攻击“实在的无穷理论”和它过于敏感的作者。这个悲剧的结局不是集合论进了疯人院，而是康托尔进了疯人院。

1884年春，40岁的康托尔经历了他的第一次精神崩溃。在他长寿的一生中，这种崩溃以不同的强度反复发作，把他赶进了精神病诊所这个避难所。他容易激动的脾气加剧了他的病情，一阵阵深深的沮丧令他感到无限自卑，他开始怀疑他的工作的正确性。在一次神志清醒的间歇，他请求哈雷大学把他从数学教授席位换到哲学教授席位上去。他关于无穷的理论正是在两次精神崩溃发作后的间歇期完成的。

但是，康托尔并不是没有得到安慰。富于同情心的米塔-列夫勒不仅在他的杂志《数学学报》上发表了康托尔的著作，还在康托尔与克罗内克争吵的时候安慰他、鼓励他。仅仅一年，米塔-列夫勒就从痛苦的康托尔那里收到了52封信。

在那些相信康托尔理论的人当中，和蔼的埃尔米特是最热情的一个。他对新学说的热诚的接受，温暖了康托尔谦虚的心：“埃尔米特在这封信中……关于集合论这个题目向我倾吐的赞扬，在我眼里是如此之高，如此地过誉了，以至于我都不愿意公布它们，以免让自己受到为它们所惑的指责。”

除此之外，格丁根数学学派的开山鼻祖希尔伯特对康托尔也有过高度评价，他说康托尔的集合论是数学天才最优秀的作品，是最伟大的工作。随着岁月的流逝，加上希尔伯特的不断推荐，开始不断有人重新认识康托尔的集合论。但是，随着关注的人越来越多，集合论也迎来了它的危机。

1897 年，意大利数学家布拉利－福尔蒂打响了反康托尔革命的第一枪，他从集合论的推理过程中，找出了一个刺眼的悖论，这个特殊的悖论只是几个悖论中的一个。由于这个悖论很难说清楚，我们选用之后罗素提出来的那个悖论概括一下。就在康托尔一边清醒一边精神崩溃的时候，数学家罗素在 1908 年给康托尔写了一封信，信的内容就是那个“罗素悖论”。

罗素悖论又被称为理发师悖论。在某个城市中有一位理发师，他的广告词是这样写的：“本人的理发技艺十分高超，誉满全城。我将为本城所有不给自己刮脸的人刮脸，我也只给这些人刮脸。我对各位表示热诚欢迎！”来找他刮脸的人络绎不绝，自然都是那些不给自己刮脸的人。可是，有一天，这位理发师从镜子里看见自己的胡子长了，他本能地抓起了剃刀，你们看他能不能给自己刮脸呢？如果他不给自己刮脸，他就属于“不给自己刮脸的人”，他就要给自己刮脸；而如果他给自己刮脸，他又属于“给自己刮脸的人”，他就不该给自己刮脸。

理发师悖论与罗素悖论是等价的。如果把每个人看成一个集合，这个集合的元素被定义成这个人刮脸的对象，那么理发师宣称他的元素都是城里不属于自身的那些集合，并且城里所有不属于自身的集合都属于他。那么他是否属于自己？这样就由理发师悖论得到了罗素悖论。反过来的变换也是成立的。

无论回答成立还是不成立，就像那个理发师的故事一样，都是一个悖论。这就像是一枚定时炸弹，如果处理不好，会直接将康托尔的集合论炸得灰飞烟灭。罗素的理发师悖论引发了数学史上的第三次危机。于是，一群数学家投入其中，开始从根子上解决这个矛盾，试图更新集合论的基础，规范出一个严格且不自相矛盾的集合论，这个过程也被称为公理化集合论的过程。30 多年后，集合论的公理化大厦才在各位数学家的努力下重新建立，但随之而来的是另一个隐患，这个隐患直到 1938 年才被哥德尔消除。

1918 年 1 月 6 日，“一战”快结束了，但康托尔迈向了死亡，享年 73 岁。正如康托尔所言：“数学的本质在于自由。”或许，他发起的这场革命，正是自由的一部分。

编后记

E.T. 贝尔是著名的数学家、数学史家，1883 年生于苏格兰，后来移民美国西海岸，本书是他的代表作。他以数十位在人类历史上有杰出贡献的数学家的人生为主线，向我们铺展了一幅别开生面的两千多年数学思想发展的长卷。有别于其他数学史著作，本书在表达上通俗易晓，避开了繁复晦涩的专业词汇，并将更多的理论性内容融入数学家们的人生轨迹，让读者知其然，更知其所以然。书中对数学家们生平的描写也是力透纸背、发人深省的。得益于此，该书一经问世便畅销全球、广受追捧，启发、激励了数代人踏向寻求真理之路，被《纽约时报》称为“数学哲学的第一本教材”。

本次出版秉承着“尊重原著，受益读者”的原则，在其中加入了多幅人物肖像插图；在翻译上，对其中一些相对复杂的数学理论，力求晓畅，尽可能以通俗易懂的语言重编经典，以便读者阅读、理解。

另外，受限于时代，原作中的一些观点在如今看来可能不足取，请读者理性、辩证看待。

作者

E.T. 贝尔
1883—1960

美国数学史家，美国科学院院士，曾任美国数学协会主席、美国数学学会副主席和美国科学促进会副主席，《美国数学学会会报》、《美国数学学报》和《科学哲学》编委，曾获美国数学学会的博歇奖。

1904年于斯坦福大学取得文学学士学位，1909年于华盛顿大学获得文学硕士学位，1912年于哥伦比亚大学获得哲学博士学位，后相继于华盛顿大学、芝加哥大学、哈佛大学讲授数学，随之受聘为加州理工学院数学教授。

著有《紫色的蓝宝石》《揭穿科学之谜》《科学的皇后》等。

新
流
xinliu

闪耀人类的数学家

产品经理　时一男　李晓彤　　装帧设计　人马艺术设计·储平
特约编辑　王　静　　　　　责任印制　赵　明　赵　聪
营销编辑　肖　瑶　　　　　出版监制　吴高林

图书在版编目（CIP）数据

闪耀人类的数学家 / (美) E.T.贝尔著；罗长利编译. -- 贵阳：贵州人民出版社, 2023.7
ISBN 978-7-221-17696-7

Ⅰ. ①闪… Ⅱ. ①E… ②罗… Ⅲ. ①数学史—世界—普及读物 Ⅳ. ①O11-49

中国国家版本馆CIP数据核字(2023)第106686号

SHANYAO RENLEI DE SHUXUEJIA

闪耀人类的数学家

E.T. 贝尔 著

出版人　朱文迅
策划编辑　陈继光
责任编辑　严　娇
装帧设计　人马艺术设计 · 储平
责任印制　赵　明　赵　聪

出版发行　贵州出版集团　贵州人民出版社
地　　址　贵阳市观山湖区会展东路 SOHO 办公区 A 座
印　　刷　万卷书坊印刷（天津）有限公司
版　　次　2023 年 7 月第 1 版
印　　次　2023 年 7 月第 1 次印刷
开　　本　880 毫米 ×1230 毫米　1/32
印　　张　20
字　　数　448 千字
书　　号　ISBN 978-7-221-17696-7
定　　价　108.00 元（全三册）
